U0270052

建筑名家口述史丛书

建筑轶事见闻录

刘先觉 著
杨晓龙 整理

中国建筑工业出版社

图书在版编目（CIP）数据

建筑轶事见闻录 / 刘先觉著 .—北京：中国建筑
工业出版社，2013.10
（建筑名家口述史丛书）
ISBN 978-7-112-15984-0

Ⅰ . ①建…　Ⅱ . ①刘…　Ⅲ . ①建筑学－文集　Ⅳ .
① TU-53

中国版本图书馆 CIP 数据核字（2013）第 242648 号

　　本书是一本作者经历的建筑故事，叙述个人的成长过程，在建筑教学中的体会，到国外进修、讲学、参观、访问的一些见闻轶事，进行科研的历程与成果，以及在工作实践中理论与现实的融合过程。本书既有一定的知识性，也有一些趣味性，可供专业读者参考，也可供一般读者赏阅。

丛书策划：易　娜
责任编辑：易　娜　刘　川
责任校对：姜小莲　关　健

建筑名家口述史丛书
建筑轶事见闻录
刘先觉　著
杨晓龙　整理
＊
中国建筑工业出版社出版、发行(北京西郊百万庄)
各地新华书店、建筑书店经销
北京京点图文设计有限公司制版
北京云浩印刷有限责任公司印刷
＊
开本：787×960毫米　1/16　印张：17½　字数：320千字
2013年12月第一版　2013年12月第一次印刷
定价：48.00元
ISBN 978-7-112-15984-0
　　　　(24768)

作者简介

　　刘先觉，东南大学建筑学院教授，博士生导师。1931 年 12 月生。1953 年毕业于南京工学院建筑系，1956 年清华大学建筑系研究生毕业，师从著名建筑学家梁思成先生。毕业后回到东南大学从事建筑历史与理论的教学和研究工作，同时担任中国建筑学会史学分会的理事，南京近现代建筑保护专家委员会主任，意大利国际城市建筑研究中心研究员。1981—1982 年在美国耶鲁大学当访问学者，并应邀到六校讲学。1987 年曾任瑞士苏黎世工业大学建筑学院客座教授，随后曾应邀赴意大利罗马大学、佛罗伦萨大学、英国诺丁汉大学、日本神奈川大学讲学。2006 年获中国建筑学会第二届建筑教育特别奖，并先后获部级科技进步二等奖两项。国家级教学成果二等奖一项。主要著作有：《生态建筑学》、《现代建筑理论》、《外国建筑简史》、《中国近现代建筑艺术》、《江苏近代建筑》、《澳门建筑文化遗产》、《新加坡佛教建筑艺术》、《刘先觉文集》等 20 余部，发表论文百余篇。

南京工学院 53 届毕业班同学
与杨廷宝教授合影（1953 年）

南京工学院 53 届毕业班全
班同学合影（1953 年）

2005 年作者与往届毕业博士硕士弟子们合影于东南大学

2005 年作者与往届毕业博士硕士弟子们合影于东南大学

2010 年建筑理论国际研讨会代表合影· 南京

2006 年作者与考察师生在苏州虎丘合影

2009 年在清华大学世界建筑史国际研讨会上作者接受奖状与奖牌

1981 年作者摄于美国华盛顿

2005 年在东南大学世界建筑史国际研讨会期间作者与罗小未、卢永毅、周琦教授合影

1981 年作者摄于美国威廉斯堡

2006 年在新加坡作者与李谷建筑师、普觉禅寺释广声方丈、杨晓龙博士合影

2007 年作者摄于日本神奈川大学

自庐山电站大坝远眺 80.
7-20.

庐山远眺，速写，(1980 年)（A4）

自五老峰望含鄱口，速写，（1980 年）

庐山仙人洞远眺，速写，（1980 年）

太湖秋色，速写（1979年）

颐和园谐趣园，速写（1984年）

江油云岩寺与圆觉飞转
高55米 间距10.5米 79.11.1.
Liu Xianjue

四川江油云岩寺，速写（1979 年）

须弥福寿远眺
1984.6.2.

承德须弥福寿远眺，速写（1984 年）

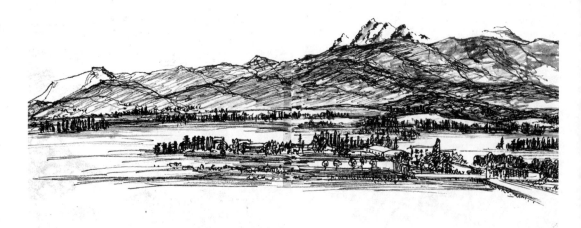

天山博格达峰远眺，速写（1980 年）

峨眉山远眺，速写（1979 年）

乌鲁木齐柴窝堡湖 1980.8.31.

乌鲁木齐柴窝堡湖，速写（1980 年）

重庆北温泉乳花洞，速写（1979 年）

寄畅园 79.9.9.

无锡寄畅园，速写（1979 年）

前言

　　这本《建筑轶事见闻录》与其说是一本"口述史",不如说它是一本"回忆录"更确切些,因为口述史也是要通过回忆录组成的。所不同之处是前者的作者是口述,而由另一位作者重新编写。这样工作量较大,而且容易返工。因此在有限的时间内有效地完成一本个人对建筑感悟过程的记录,我还是采用了本人先写一个初稿,然后再请人整理配图更为便捷。书中内容均以第一人称叙述。杨晓龙博士是这本见闻录整理配图的志愿者,我深表感谢。

　　这本书我不想把它写成个人的传记,也不是建筑史的补充,而是希望把它写成一本个人经历的建筑故事。叙述多年来个人的成长过程,在建筑教学中的体会,到国外进修、讲学、参观、访问的一些见闻轶事,进行科研的历程与成果,以及在工作实践中理论与现实的融合过程。我这里只是想把我体会较深的一些感受记录于此。由于一生中,要写的事太多,这里只能挂一漏万地先记录这些。我也希望写的内容能使读者感兴趣,既有一些故事性,也有一定的知识性,但所写的内容都是真实的事实。有些知识与体会可供建筑专业读者参考,有些故事情节也可供一般读者赏阅。

目录

1 青少年时代的理想与现实

　　我原籍是安徽合肥东面的肥东县。据说我父亲在年轻时就和一些亲戚到福建谋生，所以1931年我出生在福建福州。我一共有四个兄弟姐妹，我排行第二，父母对孩子并不娇生惯养，只是一般对待，所以从小就有独立的精神。我的小学时期大体是在福建建阳度过的。初中的时候因为抗日战争时期的动乱，建阳、建瓯、南城、光泽一带的城市都住过，初中主要是在江西宁都县立中学，宁都县立中学在城外，梅江边。梅江是一条小河，非常清静，两岸大多是竹丛、卵石，校园环境非常好。

　　初中有一件很难忘怀的事，当时正值抗战时期，一切生活用品都非常缺乏，但孩子们贪玩的心是免不了的，玩得最多的是踢足球，篮球排球只有上课的时候才有，下课很少有机会摸到。所谓的足球不是真正的足球，那时学校周围有很多果园，大多种的是柚子，孩子们就偷偷跑进果园，采半大不小没有完全成熟的柚子，当作皮球踢，一个柚子能连续踢两场甚至两天，直到踢烂为止。

　　我在初中的时候，一般讲起来，成绩属于前列，在前三名。但是语文的成绩并不理想，尤其怕写作文。当时我们班上有一个同学语文程度特别好，拿到一个作文题目，很快就能想到一个构思，而且下笔迅速，写起来非常流利，字也写得很好，我非常羡慕他。但是我就是没办法跟上这样的水平，因为首先拿到一个题目之后，写不出什么东西，最多只能写一页纸，他能写两三页、四五页还没写完，我写一页就写完了，没有话写，非常痛苦，整个初中时代都为语文烦恼。其他的，数学、物理、化学、历史、地理都不在话下。这个事情一直到我初中毕业，始终也没有找到解决的办法。

初中毕业，抗战也将要胜利，我家往北迁。高一，考入江西省立的临川中学，临川是王安石的老家，现在的抚州市，也是江西的一个大市。这个地方有学术渊源，整个地区文风很重，临川中学在江西也是名列前茅的中学。家里把我送到临川住读，希望能有所提高，但生活很苦，教学很严格。在这个学校里，高一的时候解决了我的作文困惑。当时新来了一位语文教师，是大学中文系的讲师，他讲，做作文，首先要掌握方法，不然就写不长，也不成条理，这正符合我的情况。他讲写作文之前，首先要立意，这个题目写什么，内容是什么，要列一个框架，把写什么想好，这个很重要；还有一个七字诀，时、地、人、事、因、经、果，一定要记住，写一篇文章解决这七个字的问题，就有得写了。任何一篇文章里，都牵涉到这些问题，时间、地点、人物、事情、因为什么，经过是什么，结果是什么，写了这些，文章就很丰富，别人看文章也知道时间地点原因经过，很有条理。从此以后，我得到了他这几句话的真传，解决了我一辈子的写作问题。

高一下学期我到了光泽，那个学校里有个英语教师，是英国的教会牧师，当时的学校常请牧师上英语课。这个教师很有意思，上课像学术讨论，每次上课半个钟头左右以后，喜欢问学生："Any question？"有什么问题吗？互动一下。学生也总有问题，踊跃举手，我当时也很踊跃，举手问问题，开始问"What's this？ What's that？"他就解释。大概学期中间的时候，他讲一段语法，比较复杂，假设句式。我在课堂中问过三次，到第三次问的时候他不耐烦了，一个人左问右问，问了三次，很不高兴，回答："Why？Why？ Why？ Why the sky is so high？"你老是问来问去，为什么老天这么高，"You should remember that！"你必须记住，有许多外语是不讲道理的，必须记住，就是这样。这句话我一辈子都记得，五六十年我都没有忘记。有的东西是有道理的，有的是没道理的，你必须记住。纽约为什么叫作纽约，不叫做新约，没道理，这就是约定俗成，这个就叫纽约，那个就叫新泽西，不叫纽泽西。有些东西就是硬记，特别是外语，必须要背，他就希望我们背，特别是一些名著，当时我都能背，现在当然背不出来了。像多德特的《最后一课》，莫泊桑的一些文章，全篇都能背，年轻的时候记忆力也好一些。他说你熟能生巧，你背会了，记多了，自然而然写作文的时候就能用。

这是我在中学的时候，特别是高一时候的事，印象特别深刻，以后大学也好，工作也好，都很有影响。就像作文，虽然是中学时候的几句话，但是受益一辈子，外语老师说的几句话，对我后来也是非常有影响的。

抗战胜利之后，我们家就搬到了南昌，到正大中学读高二高三。那个时候因为大家也有点希望把外语程度弄得好一点，除了在课上学外语之外，为了要练习口语，喜欢到基督教堂去做礼拜，和牧师聊天，目的是为了练口语。另外还有一个目的，那些牧师，对这些小孩或者年轻的学生去做礼拜，他会发你一张圣诞卡，或一张画片，上面有花、圣诞车之类的东西，他把这些从国外收集到的，英国的、美国的发给大家，目的是吸引你去做礼拜。现在看起来并不新奇，当时买是买不到的。学生一方面可以去和他聊天，锻炼外语，另外一方面还可以拿一张漂亮的卡片，所以每个礼拜去做礼拜，实际上并不是信主，坐在那里思想早就开小差了，希望他早点做完，可以拿一张卡片再和他聊天。当时有三四个同学都有这样的兴趣，一般礼拜天都去。

还有一个我对外语提高的感受，就是当时的外语教师都是很强调语法。和现在我们中学大学对外语的教学是很不一样的，现在中学大学都是上课文，碰到了什么部分后面就有一节，这个是讲定语的，这个是讲状语的，这个是讲并列句的，那个是讲从属句的，讲到课文就讲一点，不系统。过去在高中时是有专门的语法课的，从八大词类到句法，到怎么运用。这个我觉得对于我们今天阅读外语来讲，特别是阅读和翻译专业书来讲有帮助。现在我们很多大学生，四级六级都考过了，但是语法了解得很片面，碰到书上的一段文章，理解不清楚，因为他语法不是很熟练。比如说句子是虚拟式，不能用肯定式的翻译，可能是什么东西，不能翻译成是什么东西，像这一类的句子翻译是很讲究的。还有就是对一些形容的程度，也是很讲究的。比如论文这个词，在字典上都是论文，但是在英语中分很多等级，最高级的论文，博士论文用 dissertation，硕士论文用 thesis，一般杂志上的论文用 paper，报纸上的介绍性文章用 article，还有短而小的文章用 essay。有不同的层次，级别不一样，别人一看就知道你讲这个是哪一类的文章，不能动不动就 article，硕士论文博士论文都用 article 显然是不对的。你学好了语法，特别是对这一类东西理解之后，就知道英文和我们中文不一样，它的词本身代表了是硕士论文还是博士论文，中文要加硕士还是博士，它不用加，要加也可以，但是必须对等，不能后面用 article，前面用 PhD，这就显然不匹配了。我们在中学，特别是高中很强调语法，对我以后阅读、翻译专业书来讲，起至关重要的作用，自己有把握来看我这个翻的对不对，语气对不对。语法很重要，是因为外国人写文章，和讲话不一样，例如《建筑美学》中，最长的一句话有七八行，句子定句子，如果你没有语法理解的能力，很难搞清楚，一定要消化以后用中文来讲，用中文语法讲出来。

我们在高中的时候最后面临着要考大学，当时怎么来选择志愿，其实和我们现在还是不一样的。最早我的理想是当一个外交家，当时流传着一句话，叫"无外交者弱国"，一个国家没有外交国家就弱，其实应该是弱国无外交，是倒过来，国弱才没有外交，当时是以为外交可以强国，所以一心想做一个外交家，学好外语做和外国人打交道的事情。当然到了毕业的时候，想法已经变了。整个形势也不是想当外交家就可以当外交家，正好有几个同学，有的人有亲戚朋友，讲学建筑不错，建筑既是技术又是艺术，当时我也喜欢随手画画什么东西，他说对你来说特别适合。我当时有点心动，想这个也不错，就不一定要做外交家了，想当外交家，人家不一定要你，建筑师可以自己开业、盖房子，容易施展自己才能，所以觉得可以试一试。

当时 1949 年刚刚解放，我印象中还没有全国统考，还是分片考，长江以南是一个片区，长江以北是一个片区。国立大学一起考，教会大学单独考，还有私立大学，整个南方地区考三次，北方地区考三次。这一次我考取了杭州之江大学（Hanchow University），到杭州读书也不错，是教会大学。他们招生比较多，建筑系招 20 多人，国立南京大学只招十个建筑系学生都没招满。

之江大学因为是教会大学，全用英语，包括墙上的布告都是英语，刚去也有一点懵，随后也就习惯了。

教会大学的学费生活费当时还是比较高的，在杭州我读了一年以后，家庭经济负担很重。那个时候允许重考，可以转学，所以第二年1950年我还是考入了国立南京大学建筑系，当时我那一届有好几个同学也都是读过教会大学的。这就是我在青少年时代最初幻想做外交家，最后学建筑的过程。

回顾之江大学，它是属于美国基督教会的产业，大部分教师都是美国人，美国传教士。

校舍都在钱塘江畔，六和塔西面，宿舍教学楼都不高，三层楼。20世纪20、30年代的房子，属殖民期式。红砖的房子，风景不错。公共汽车可以通到山下，下车要走很远，把行李背到山上去（图1-1，图1-2，图1-4）。

当时之江的建筑系一二年级在杭州，三四年级在上海上课。因为高年级的教师很多都是建筑师兼任，像陈植、谭垣，不到杭州去。只有建筑系才是这样的。

教会大学比国立大学生活条件好，两人一间宿舍，收费也高一点。其实我转到国立南京大学以后，之江大学和圣约翰大学的建筑系到1952年就并到同济大学，成为同济大学建筑系，也属于国立大学了，同济大学之前是没有建筑系的。自此以后，教会大学也取消了。

图1-1 原之江大学周边环境

图1-2 原之江大学教学楼

之江大学学生不多，有三幢宿舍，东楼、西楼、中楼，我住在东楼。现在已属于浙江大学的分校区（图1-3）。

我在之江只上了一年，建筑专业的教师有三个，一个是吴景祥，后来去同济大学当了建筑设计院的院长，是教授，还有一个吴一清，是副教授，和初步有关的课都是吴一清教，和设计有关的课是吴景祥教。还有一个年轻教师，李正，刚毕业，助教。一个班二十多人，三个教师。那个时候教会大学和国立大学的教师水平差不多。

之江大学的环境不错，初一、十五在学校里面就可以观潮，学校在山上，有的人跑到马路上就更近一点。潮水有一两米高，"呜呜"地过来，速度也很快，大概有自行车那么快。遇到潮水所有的船都要靠岸边。在之江的日子虽然不长，但是留给我的印象还是很深的。

图1-3 原之江大学宿舍

图1-4 原之江大学钟楼（大门）

2 从南京大学、清华大学到东南大学

　　1950 年秋我进入到当时的国立南京大学建筑系，首先见到系主任杨廷宝先生，他风度翩翩，大学者派头，年龄在 50 岁左右，看上去和蔼可亲，在他和刘敦桢、童寯、张镛森及刘光华等先生的几年培养下，我得到了进一步的基本功训练，并学习到了建筑学科各方面的基本知识和技能，而且在绘画方面也得到名师李汝骅先生的指导，为我以后的工作打下了良好的基础。南京大学前身是新中国成立前的中央大学，是国内系科最多的大学，它有七院36 系，和现在的院系不同，所谓七院是指大学科：文学院、法学院、理学院、工学院、农学院、医学院、师范学院，每个院下面还有许多系，系下不设专业。中央大学的校本部设在南京四牌楼，另外在丁家桥校区设农学院和医学院分部（图 2-1 ~图 2-4）。在 20 世纪 50 年代，基本上大部分时间都是在政治运动中度过的，其中包括抗美援朝、参军参干、镇反土改、三反五反、思想改造、大鸣大放、反右斗争等等。正规学习的时间不可避免地要受到一定的冲击，好在当时的学生热情高涨，都是加班加点来完成任务，尽量做到革命与学习两不误。这实际上也在客观上锻炼了学生的独立工作能力。因此在毕业后都能不折不扣地服从组织分配，到祖国最需要的地方去，从不讨价还价。应该说当时学生的思想还是过硬的。

图 2-1　原中央大学（现东南大学）大礼堂　　　图 2-2　原中央大学（现东南大学）图书馆

图 2-3　原中央大学（现东南大学建筑馆）生物馆　　图 2-4　原中央大学（现东南大学）体育馆

　　1952 年是学习苏联的高潮，也是全国教育改革大动作的一年，这时期许多教会大学和私立大学统统取消，又将许多国立大学的系科分类合并，模仿前苏联的单科体制。于是将原南京大学与金陵大学、金陵女大三校的文科与理科重组合并成立了新的南京大学，校址设在原金陵大学的鼓楼校区；将原三校的工科部分及安徽大学、厦门大学的工科合并重组成后来的南京工学院，新校址就设在原中央大学的四牌楼校区；又将师范学科与艺术学科重组合并为新的南京师范学院，新校址就设在原金陵女子大学的校区；还有将原南大航空系与上交大、浙大的航空系合并，重组为新的华东航空学院；将原南大与金陵大学的农学院重组合并为新的南京农学院；同时还新设立了华东水利学院、南京林学院、南京体育学院、镇江农机学院、无锡轻工学院等等。另外还将原南大医学院改为第四军医大学迁往了西安。1952—1953 年，正是国家大建设的高潮，急需建设人才，于是 1952 年和 1953 年当时的三年级学生都提前一年毕业。

　　我是 1953 年在南京工学院建筑系毕业的，当时全班共有十七位同学，除了两名留校任教外，大部分都是分配到北京和北方各地。我有幸被保送到清华大学继续读研究生，这是我国当时试点招收研究生的几所学校之一（图 2-5～图 2-8）。我到清华后知道建筑系只有四所学校有保送研究生：清华、天大、南工、同济，总共 20 人左右，经过清华的甄别测验，有一部分人定为研究生，还有少数人定为助教。我们南工来了三人全定为研究生，我被梁思成先生看中，可能是因为我的建筑史成绩较好，选中了我和另一位清华的毕业生做他的第一届正式的研究生，原来的建筑师梦只好让位给历史研究了，好在兴趣也是培养出来的，同时还得服从组织分配，于是也就愉快地走上建筑史研究的道路。初次见到导师梁思成先生，他是当时清华建筑系主任，也是一位社会名流，可是形象却是瘦小的体形，风趣的言谈，同时又兼有严谨与和蔼的一面，使我减少了不少恐惧感，也增加了向这位著名导师学习的信心。他虽然很忙，既要安排教学，又有社会活动，但是还是每周给我们专业的研究生和助教安排一个下午的见面会。有时是他上课，林徽因先生也会插话。有时也安排我们研究生作读书报告。甚至在他开全国人大会议期间，他也会安排我们到他城里的宾馆在晚上和我们共同商讨有关的学术问题。与此同时，他还为我们制定了学习其他课程的计划，如城市规划、绘画等等，甚至实习环节也很注意。他说百闻不如一见，所以 1954 年夏他就安排了一位

图 2-5　清华大学礼堂

图 2-6　清华大学二校门

图 2-7 清华学堂 图 2-8 清华老图书馆

资深的中建史教授赵正之先生带领我们两位研究生和几位助教去考察山西、河南、河北的一些古建筑，当时虽然困难重重，交通工具有火车、汽车甚至驴车，可是大家都兴趣不减。记得在五台山佛光寺我们五六个人都睡在佛坛上，这是平生第一次体会到野外考察是什么滋味。蚊子虽然扰人，蚊香也能解决一些问题。在佛光寺和其他一些古建筑面前，尤其是应县佛宫寺木塔，简直是令人流连忘返。这是一次最艰辛的旅行考察，也是一次难忘的经历。第二年即 1955 年夏天，安排我们去了鞍山钢铁厂工地实习，一古一新，天壤之别。总算知道了古今之间有哪些不同，又应该如何正确对待古代的文化遗产。

梁先生学识渊博，古今中外无不精通，我还从他那里知道了美国当时博物馆对建筑艺术的新认识，开始知道"space"、"texture"、"color"、"design"等新概念。按照有关的解释，space is nothing，意思为空间就是虚无，就是说有了物质才相对感知空间；design is everywhere，就是说设计灵感处处皆有，就等你去寻找，向天、向地都可以去寻找设计的灵感；color has power，意思是色彩能有力量，应该用色彩表达你的重点；texture 是指建筑材料的表面质地、纹理，它也是造成建筑艺术感官的重要一环。在毕业前半年确定硕士论文的选题时，他自己虽然是中国古建筑专家，但是他却不要自己的研究生做古建筑方面的选题，而是提出要做一个新课题，希望我研究《中国近百年的建筑》，因为这是一个承前启后的关键时期，无人研究，正好我们来开头，于是我就遵命照办。在梁先生的指引和自己的努力下，1956 年夏总算取得了初步成果。

这也成为最早在我国完成的第一批有关中国近代建筑史的学术论文（研究生毕业论文），至今仍留存在清华大学建筑学院资料室里，虽然很不完善，也算为后来者摸索了一条可行之路。

研究生毕业后，1956年夏我又被分回了南京工学院建筑系（1988年已改名为东南大学）。我被派给刘敦桢先生当教学秘书，当时刘先生既是建筑系的教授，又是新成立的南京中国建筑研究室的主任，后面单位是建设部与南京工学院合办的，由南工代管，业务由建设部建筑科学研究院负责。报到后，刘先生就对我说："我年纪大了，主要是搞科研，教学任务就要交给你们了。目前我已把中国建筑史交给了潘谷西，现在我要把外国建筑史课交给你。当然你在清华学的中建史也不能丢掉，你除了上外建史外，还要跟我研究苏州古典园林，就从古典园林建筑开始吧。"我听了以后，既是压力，又是动力，就像过河卒子，只好拼命向前。

当时刘先生还说："你要教好外建史，一定要去读一些原著。"因为当时（1956年）国内还没有中文版的外国建筑史教材，所以要教好外建史必须要读Fletcher著的 *A History of Architecture on the Comparative Method*（弗莱彻著的《比较建筑史》）和Giedion著的 *Space, Time and Architecture*（吉迪恩著的《空间、时间与建筑》），这是两本经典的外文著作，才能知道外建史前前后后的内容。这两本书的内容十分丰富，前一本有1000多页，是英国皇家科学院的专著，前后已发行有20版；后者是美国的哈佛大学的教科书，也有近900页，是说明现代建筑的发展脉络的。刘先生还说："你读过这两本书以后，你教书才能心中有数。作为教师，要给学生一杯水，自己就要有一瓶水，当学生还要水的时候，你还可以从瓶中倒给他，这一瓶水就要从书中获得。"此后我花了很大力气去阅读这两本书。当然现在看来还要及时阅读新的参考书和相关的杂志，以及时获得新的学术信息与资料。那时建筑史的教学分量很重，外建史要上两学期，每学期每周有3学时。所以上这门课还是得作许多必要的准备，否则上课就要挂黑板了。除了上外建史，我也要协助刘先生去做一些苏州古典园林的研究工作。可是到1966年夏"文化大革命"开始后，这一平静的教学科研工作都暂时停顿了。直到 1978 年，教学科研才逐步恢复正常，1988 年韦钰任校长时，将原南京工学院更名为东南大学，这所历史悠久的名校才又恢复了她的青春。

■ 关于20世纪下半叶的建筑教育概况

自从 1949 年新中国成立以后，建筑教育也随之逐渐开始有了变化，但是这个变化是渐进的。起初还是沿用新中国成立前的体制、学制与教学计划。在 1950 年代初的时候，当时建筑系不设专业，只是在毕业设计时有点方向上的侧重，比如公共建筑，或是居住小区，或是文化类的建筑。学制都仍是四年，基本仿照美国大学模式。大学毕业后授学士学位。当时每学年分两个学期，一般都是 18 ～ 20 周，暑假很长，多半都安排各类实习，包括认识实习、参观实习、水彩实习、测绘实习、工地实习、生产实习等等。当时每周是六天工作制，星期六下午一般是空出作为全校或全系的政治活动时间，星期三下午多半作为政治学习时间。每天上午四节课，下午 3 ～ 4 节课。早期在教学计划中是不安排外语课程的，因为一般学生的英语水平都较好，而且所用教材基本都是美国现行的英文版大学教材，所以没有必要再专门上英语课。例如当时的大学数学就是用 Smith-Lonly 的《微积分》，物理课就用 Dafu 著的《大学物理》，画法几何就用美国大学的《投影几何》。还有外国建筑史，就用弗莱彻（Fletcher）著的《比较建筑史》与吉迪恩（S. Giedion）著的《空间、时间与建筑》作为教学参考书，这都是和美国大学基本一致的，也可以说是基本和国外接轨吧。只是到了 1952 年以后，全面学习苏联，在大学基础课中才增加了俄语课。

在课程设置方面，前后变化较大。在 1950 年代初，课程设置比较简单。一二年级设计课，每周有二个上午，下午都是设计课的自修时间。而到了三四年级，设计课每周有三个上午，下午也是设计课的自修时间。其他的基础课、绘画课、历史课、构造课、结构课、力学课、阴影透视课、投影几何课、材料课等等也都一应俱全。学生每天趴在绘图板上的时间有一半多，甚至晚上也把大部分时间放在设计图上，多余的一点时间就用来应对各门功课的作业。至于主课设计课，当时在学习苏联之前，基本上是美国模式，一个学期基本上要做四个题目，每月一个题，另外还要加上两个快题是一天要完成的。当时强调的是设计的快速构思与快速的动手能力。一般在接受题目后，在下一次上课时，基本上要拿出 2 ～ 3 个草图方案，经过比较分析，选出一个再进行深入。设计只做到初步方案为止，不要求做很多细部与构造，但是渲染图都是要求很高的。毕业设计则是要求要做到扩初的深度，一份图大概总要 8 ～ 10 张，这样便于和生产实际衔接。由于当时的设计教师本人多半是开业建筑师，这件事对他们来说是易如反掌。加上每班的毕业生也不过十人左右，每个教师只负责 2 ～ 3 个学生，任务也不重。绘画课一般安排四个学期，每周两个下午，头一年是素描，基本上是铅笔画，第二年是水彩画，没有水粉画，暑假还加上水彩实习。所以当时的建筑系学生水彩画常常可以与美术系学生的水彩画比肩。这完全是沿袭法国巴黎美术学院鲍扎的建筑教育传统，比较强调建筑艺术的表现，尤其是强调徒手画的功夫与快捷的反应能力。那时在前中央大学和南京工学院领衔绘画的教授是李汝骅，在清华大学领衔绘画的教授是吴冠中，他们都是国内绘画界的大师，不存在有不同学派之争，加上系主任也是大力支持，更是顺理成章。

到了 1956 年以后，教学改革愈来愈靠近苏联模式，建筑设计也从快速作业逐渐改成了长作业，一个题目大概要做 7 ～ 8 周，除了方案之外，还要画细部、构造等等详图，设计的过程也减慢了速度。连绘画课也放慢了速度，过去一般一个单位时间就要完成一张图，后来常常一张水彩画要两个单位时间来完成，于是由于天气等原因而造成了许多困难。

在设计风格方面，早期都是沿用欧美流行的现代建筑风格，而学习苏联以后，强调了民族形式、社会主义内容，于是从 1952 年以后就逐渐掀起了民族形式的思潮，一时间南京在 1950 年代时创作的一些作品成了典范，例如原外交部、交通部、铁道部、中央医院大楼都成为争相模仿的对象。到 1955 年已形成高潮，物极必反，造成严重浪费现象，这时就开始了反大屋顶的政令，梁思成也就成了替罪羊，对苏联专家的影响就避而不谈了。当时有一个典型的电影短片，叫《华而不实》，就是批判北京西郊友谊宾馆的例子。甚至为了表达中央的决心，当时北京正在建造的四部一会大楼群，居然把最主要的中央歇山屋顶给砍掉了。教学改革向何处去？一时间众说纷纭莫衷一是，有些学生也开始批判中建史为什么要学斗栱，外建史为什么要画古典柱式？西方资本主义的东西不要了，传统的古典的东西又成了糟粕，那么如何创造新中国的建筑风格真是成了难题。

建筑历史课，原来教学分量重，后来教改就减少成中建史和外建史每样课一个学期，每周 4 学时，最后曾一度减少到每门课只给 30 学时，当然后来很快又恢复到每门课 60 ~ 80 学时。

当时设计课的教学也不是现在这种模式，是教授结合助教的模式。由几名教授分几组指导学生，助教不单独指导学生，而是教授改完图后，由助教在教室里给学生答疑，帮助学生解决还未弄清楚的问题。我认为过去那样是充分发挥了学术资源的价值。直到 1955 年全国大多数学校建筑系都学苏联改为五年制，清华则改为六年制，在教学计划方面又开始了新一轮的改革。1966 年夏"文化大革命运动"开始，正常的教学秩序暂时中断，1977 年又开始恢复高校教学，学制又改为四年，1993 年才又有了第一届五年制的建筑学毕业生。

至于过去五六十年代上课的讲稿是什么样？当然不能和今天相比，那时还没有电脑，讲稿都是手写的笔记，一般还会配有手绘的实例草图，上课时往往会在黑板上当场画出来，并让学生当时模画，因此一门课上完后，学生的笔记就有一本很像样的连文带图的笔记本，考试时只要复习笔记本就差不多了。当然这都已成为历史，不可同日而语。现在上课多用 PPT，学生有兴趣，但记不下来，就必须在课后看参考书来弥补。（附上几页在 20 世纪 50 年代时外建史讲稿，仅作历史资料参考。另外，课上也有补充教材。本书中所附速写图是带外国学生和中国学生在实习时所作的现场示范图。）

V. 伊瑞克先神庙（依累克坦）
(Эрехфейон, The Erechtheion)

(1). 伊瑞克先神庙的历史. 伊瑞克先神庙是卫城最迟建造的一座庙，是整个卫城建筑群的结束。它位于卫城北面山岗起伏的部分，靠近原来老的 Текатоппедон 的遗址（Старый Храм Афины Полиады）。这个庙是一个小巧精致的爱奥尼克建筑，是供奉 Афина 和 Посейдон 二个神的庙。

庙的建造, 始於公元前 421 年，由于战争的困难曾几度中断，这样到了 B.C. 406 年才告完成。设计人推测为密西格尔斯（Филокл）和哈尔勒（俄）斯（Архилох）二位建筑师。

句元前一世纪，内部曾遭火灾，中世纪时变成教堂，十二世纪时十字军将它和卫城上建造的宫殿联系起来，后来在土耳其统治时期又用作官僚的别墅。十九世纪时因战争影响，神庙曾劫毁坏。直到 1837, 1902-07 二次曾搜抉恢复成现状。

(2). 平面: 主要部份是一长方形，阶基面积 11.634M×23.50M. 内部空间被横墙分成两部份。东面为 Афина 的神室（闺房），那里有古时用木头雕刻得特别被崇敬的女神立像，神像前有著名巧匠 Каллимах 所做的金烛台。因为这是女神的闺房，门经常不开，只有二个十宽橱克。西部悬 Посейдон 和 Эрехфей 神及 Тоутма 和 Тефеста 二位类似的地方。墙上有 Бутадов 民族的先辈壁画。在神室地板下有一个土窖，里面活着一条神蛇 Эрехфейон (Эрихфоний), 前庁地板下有一个鹹水坑，据说是海神极三叉槍的遗跡。西部地平比东部地平低 3.206M. 在伊瑞克先的构图中，空间起伏变化的特点也不次於平面的不对称。靠近庙有二个陵门, 北面一个有 Zebca 装分, 西面陵门中有 Кекропса（神话）的女灵, Пандрось 的神地及神怪的橄榄樹。

第 86 页

附页讲稿二：伊瑞克先神庙备课笔记立面图（1956年）

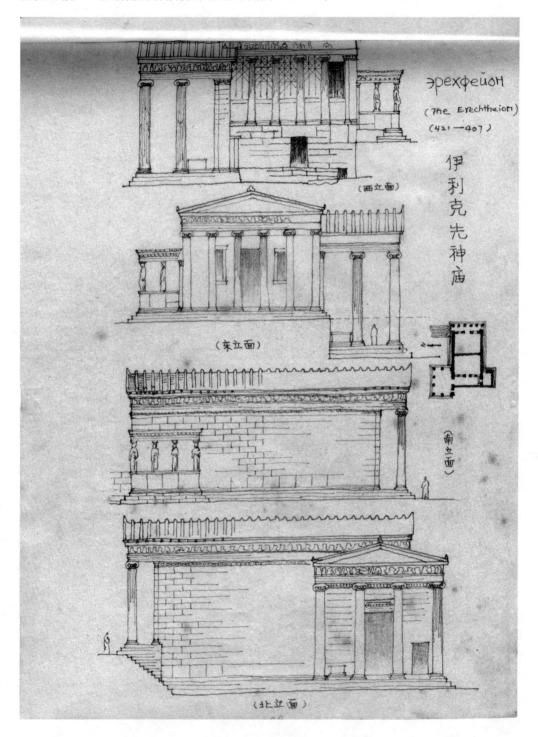

ЭРЕХФЕЙОН
(The Erechtheion)
(421—407)

伊利克先神庙

（西立面）

（东立面）

（南立面）

（北立面）

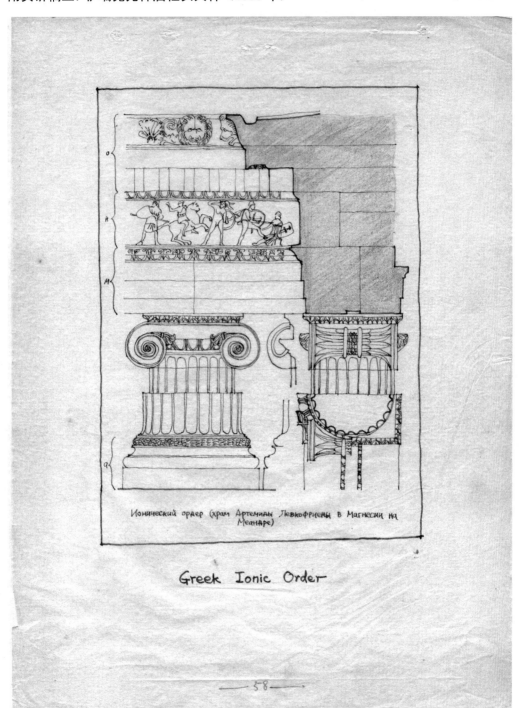

Ионический ордер (храм Артемиды Левкофриены в Магнесии на Меандре)

Greek Ionic Order

附页讲稿四：古埃及部分备课笔记（1958 年）

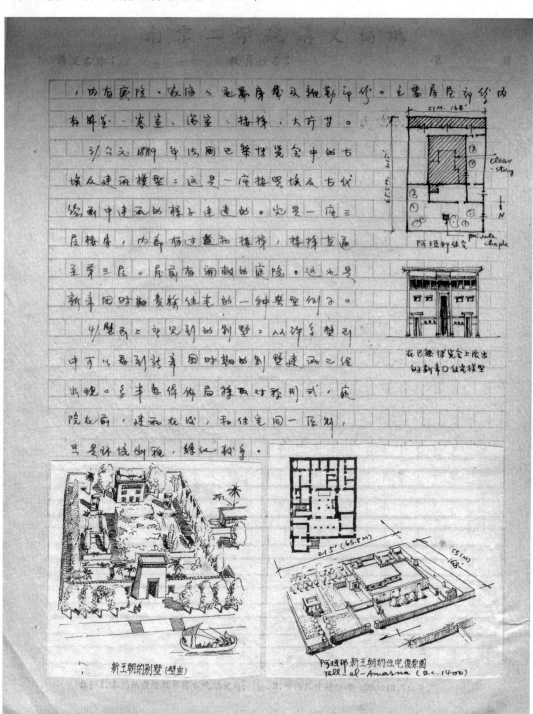

，内有宾院、庭院、私事房屋及勤卹部份。主要房屋部份内有厅堂、客室、浴室、楼梯、大厅甘。

3/公元 1889 年在周巴黎博览会中的古埃及建筑模型：这是一座按照埃及古代绘画中建筑的样子建造的。它是一座三层楼房，内部有过道和楼梯，楼梯直通室第三层。局部有涮敞的庭院。这也是新幸园时期贵族住宅的一种典型例子。

4/壁画上所见到的别墅：从许多壁画中可以看到新幸园时期的别墅建筑之逐出现。早丰悲像布局样式对称形式，庭院花园，建筑在後，和住宅同一原则，

只是环境出丽，绿化较多。

阿埋邸住宅 clear-story private chaple

在巴黎博览会上展出的新幸口住宅模型

新王朝的别墅（壁画）

阿埋邸新王朝的住宅偢想图 Tell el-Amarna (B.C. 1400)

3 忆四位建筑恩师的特点

　　在我一生中，最令我难以忘怀的就是曾接受过四位著名建筑恩师的亲身教诲，他们是杨廷宝先生（1901—1981）（图3-1）、梁思成先生（1901—1972）（图3-2）、刘敦桢先生（1897—1968）（图3-3）和童寯先生（1900—1983）（图3-4）。四位先生不仅是我专业的启蒙者，而且也是我长期工作的典范。

　　记得杨先生当时还不满50岁，正是事业的巅峰期。他不仅要管理全系的教学工作，而且经常有全国性的大型建筑设计任务要主持，这也许是由于新中国成立初期人才奇缺的缘故。杨先生并不因为工作忙就不担任教学工作，

图 3-1　杨廷宝先生

图 3-2　梁思成先生

图 3-3　刘敦桢先生

图 3-4　童寯先生

相反，他从四年级直到一年级的建筑设计教学都进行指导，尤其对一年级更是倍加关心。在经过杨先生几年的教育后，我们普遍都感到在他身上学到了难能可贵的三种观点，那就是基本技能观、辩证思维观、谦虚谨慎观。这些观点既是治学之道，也可说是为人之本。

基本技能主要指的是，让学生知道要学好专业就要打好基础，就像造房子打基础一样，否则上层建筑就不稳固。杨先生对一年级的教学可谓是细致入微，他教学生如何削铅笔，说明头上斜面和铅芯都不能太短；教学生画各种设计图要选择不同软硬的铅笔；教学生如何使用丁字尺、三角板；教学生如何画线条，尤其是要注意线条结束时要回头，这样才有劲不虚；教学生对建筑的各种细部都要量一量它的尺寸，以便掌握它的真实尺度，包括楼梯的踏步、扶手、门窗高度、宽度等。杨先生随身携带的三件宝：钢笔、卷尺和速写本，这已成为众人皆知的秘密。在他的这种传、帮、带的精神鼓舞下，多少个学子也都学到了杨先生的基本功精神。

辩证思维是杨先生最突出的个性。他经常在改设计图时爱说："这样可以，那样也可以，只要处理得好都是可以的。"起初，同学们很不习惯这种说法，总希望要有一个明确的答案，认为这样才能学到东西。后来，慢慢接触事物多了，看到处理问题的方法的确并非千篇一律。杨先生的说法正是辩证思维的体现，是符合客观规律的。建筑设计方案可以千变万化，如果固定某种模式，那才是教条和僵化的反映。我们做设计也要讲究辩证法，在不同的环境，不同的国情与不同的时期就应该有不同的方法，这样才能促使我们不断进步，才能适应我国社会主义建设的需要。有些人认为掌握了一套手法，就固步自封，不思改革与进取，那是很不高明的。天长日久，越感到杨先生这种辩证思维的可贵。记得还有一次，我曾经斗胆问过杨老先生一个问题，那就是我在书上看到了对某些建筑的评价比较高，而杨先生在报告中则有些不同的看法，杨先生回答说："这是非常正常的现象，因为书也是人写的，尽信书不如无书，每人都可以根据自己的亲身体会来做出正确的判断和解释。西方书中的某些例子多半都是橱窗中的广告。"自此我也不完全迷信书的权威性了，当然也不可以无根据地否定，那也是要有道理的。

谦虚谨慎也是杨先生的美德。新中国成立后，他曾先后担任过许多重要职务，包括建筑系主任、南京工学院副院长、江苏省副省长、中国科学院学部委员（院士）、中国建筑学会副理事长、理事长、国际建筑师协会副主席等，但是他却始终为人随和，从没有大专家的架子，和大家讨论问题，总是先倾听别人意见，然后提出建议，也是以商量的口吻，决不以势压人，一般都能使人心悦诚服。他的这种谦逊态度不仅没有降低他的威望，相反更衬托出他的高贵品质与修养。这种精神正是今天值得提倡的，也许借此可以抵制一些争名夺利之风。

　　1953 年夏季我在南京工学院（现东南大学）毕业后被保送到清华大学建筑系读研究生，从 1953—1956 年，在师从梁思成先生的三年时间里，使我感受较深的是他的三个论点：创作翻译论、思维表达论和不断开拓论。

　　梁先生的创作翻译论是他的独到见解。他认为，古今中外的杰出建筑都存在着一定的规律。如果我们能细心找到这些规律，在创作中加以应用，并且把细部改变成我们所要创作的要求，那么一座崭新的建筑形象就会诞生。他以北京民族文化宫的外观创作为例，说明民族形式与西方形式是可以互换的，这对我们确实有不少启发。诚然，学习历史上的建筑经验与手法是不能照抄照搬的，必须经过翻译与改编才能符合新的创作要求。因此，应用翻译论就要重在寻找优秀建筑的规律，而不应该流于模仿的套路。

　　思维表达是梁先生很注重的一个方面。他认为作为一名教师或建筑师，应该要把自己的意见有效地传达给别人，以便起到说服与宣传的作用。有些人虽然能画出一幅很漂亮的设计图，但是说不出道理，或是不能把自己的构思用语言表达出来，这是很可惜的。因此，他主张既要训练学生的设计能力，也要训练口才的表达能力。只有这样，建筑师的创造性思维才能为别人所共识。在我们研究生的学习过程中，他经常要我们作读书报告也是这个道理。这一点在日后的工作中大家的体会尤深，因为建筑师应该为业主或使用者当好参谋，甚至为各级领导当好参谋。如果不能取得他们的共识，只是我行我素，必然会碰得头破血流。梁先生的主张在他自己的身上就起到了示范作用，他的报告生动丰富，说服力极强，往往使人听后久久不能忘怀。

不断开拓的思想是梁先生的过人之处。正是因为他在研究中不断开拓新领域，使他取得了一个又一个新成就。在建筑界几乎无人不知"北梁南杨"，这充分反映了社会上对梁、杨二公的敬意。梁先生擅长中国古建，但他并不墨守陈规，尤其在晚年，他却极力主张要进一步研究近现代建筑史，因为这是历史过程中不可缺的一部分，而且近现代更贴近我们今天的创作实践，研究的意义更显重要。因此，在我们选择研究生论文题目时，他便为我选择了《中国近百年的建筑》进行研究，为另一名研究生选择了《资本主义建筑发展概况》的题目。这说明他要继续开拓新领域的思想是多么坚定，确实也因此而引导了下一辈人为他的遗愿而奋斗。

　　1956 年夏，我在清华大学研究生毕业后回到了南京工学院工作。此后我一直跟随以治学严谨闻名的刘敦桢先生当教学秘书。在跟随刘先生的日日夜夜里，我体会较深的就是他的实证研究法、分类比较法和园林分析法。这些方法也为我以后的科研奠定了基础。

　　说起实证研究法，它的起源可追溯到资本主义早期的科学实践精神，这是要用实物来证明的一种研究方法。刘先生青年时代曾留学日本，这种研究方法可能就是从东洋带回来的。他在研究中国古建筑时，决不轻易判断年代，而是先查周围的碑刻，再查当地志书，然后再搭架子细看脊檩或大梁上的题记，接着再细细对照各部分的构件及形式和法式的异同，最后才做出考证的判断。因此，他的断代是严谨的，是经得起时间考验的。

　　分类比较是科学研究的重要手段之一，只有比较才能鉴别，才能知道是进步或是退化。刘先生很强调进行实例比较的方法，目的就是为了找出发展的线索及其特征，找出建筑的经验与成就，从而达到启发今天创作的目的。刘先生经常以弗莱彻的《比较建筑史》为例，说明其进行实例比较的重要性，同时也要求插图的精致性应达到该书的水平。众所周知，《比较建筑史》是一部传世之作，目前已出到第 20 版，前后经过了一百多年，由许多代的学者进行研究完善后才做成的。刘先生的研究标准就是这种世界级的最高标准。他在许多专著中就是大量应用这种比较法进行研究的，例如院落平面比较，曲廊平面比较，殿堂平面比较，厅堂剖面比较，屋角构造比较等，都说明他对比较研究法的灵活应用，同时也为今天的研究做出了榜样。

对古典园林的分析，尤其是对苏州古典园林的研究，是刘先生晚年的重要课题之一。他认为古典园林是建筑群中最复杂的一种类型，其中不仅涉及建筑物的总体布置与建筑单体选型，而且还要考虑叠山、理水和花木配置问题。园林的道路布置也是重要一环，它成为曲径通幽和豁然开朗意境的关键。因此，他认为中国古典园林的经验很值得建筑师学习，它能开阔建筑师的视野，启发建筑师的思维。他为了研究苏州古典园林，曾专门组织了一班人马，进行了长期的实测、拍照与调研。由于苏州园林建筑种类繁多，花木也很有特色，因此他就要我们认真地向当地专家学习。当时如果没有他们的指教，我们将不知要多走多少弯路。

童寯先生是一位内向和不计较名利的学者，但是他的才华却是惊人的。许多人都把他尊称为"活字典"，不仅在建筑创作方面非常新潮，而且在历史方面也是古今中外都能融会贯通，在他的身上，不同人都可以有不同的教益，一般说来，他给人们的印象有三绝值得一提。

第一绝是用图形表达立意与造型。他不善于言词，常常是用身教代替言教。学生经常请他改图，他不大评论，而是画给你看，他的图简洁实用，朴素、大方、耐看，不虚张浮夸，颇受学生欢迎。尤其是在学生将一张渲染图画僵了的时候，或者画出轨的时候，他能起死回生。记得有一次我的渲染图已基本画完，但是看起来却像是褪色一样，毫无精神，童老来了，二话没说，就把我的色盘中各种脏的颜色混在一起弄成一大盘，把我的图整个平涂了一遍，我吓了一跳，然后他说："你再照样画一遍吧。"结果画好后，果然效果焕然一新，看起来非常精神。另外，有时在大渲染时经常墨水会出轨，童老的一绝，就是马上可以空手往边缘一擦，果然如同切边一样达到了理想效果。

第二绝是他自称是一座钟，不敲不响。他是希望学生和研究生要会主动提问题，然后才能把自己的知识水平提升一步。他说外国比较重要的书籍后面都有 Index（索引）和 Glossary（词汇表），中文重要书籍也有，这是很值得重视的，往往很多人会忽略这一点，因为书中有许多问题是可以在"索引"和"词汇表"中得到解释的。问题是作者并不知道读者是什么水平，他

023

不可能在书中把所有问题的来龙去脉在每一段中都交代清楚，读者就要根据自己的认识去进一步查阅有关的事物，这样才能真正融会贯通和全面了解，不然很容易犯一知半解的毛病。例如你想知道米开朗琪罗在建筑学方面的成就，你可以在第 15 版弗莱彻建筑史 Index 中查到 89、168、611、612、617、618、629、635、641、642、643、647、648、674、751、778、800 都有介绍，又如你想知道锤梁式屋顶（Hammer-beam Roof）是什么样，你可以查同书 Glossary 中的解释即知。因此要会善于应用重要书籍中的 Index 与 Glossary。

第三绝是他教你要善于向百科全书学习，尤其是要重视学习《中国大百科全书》，《建筑百科》，《大英百科全书》，《美国百科全书》。因为这些书都是经过专家把关而出版的，比较有权威性，不像我们今天在网上查到的资料只能作为参考。童老说，许多问题，我也不能都知道，就是知道也并不确切，向这些百科全书请教是非常有效的。这些经验对于年轻学者来说非常重要，可以避免走许多弯路，我在和童老的接触和请教过程中，深感受益匪浅。

以上四位老师虽然早已离开我们，但是他们严谨的治学态度，园丁般的精神，不断开拓的思想却始终在激励着我们进步。今天，中国建筑界正处在空前繁荣的时代，回忆四位恩师的教诲，无疑可以促使我们更增加前进的动力。

4 苏州古典园林的学问

　　1956 年秋，我回到当时的南京工学院建筑系工作以后，除了正常的教学任务外，就被安排跟随刘敦桢先生协助做苏州古典园林的研究工作。刘先生对苏州古典园林研究的最终目标是出版一本有权威性的专著，而且要有科学的全部测绘图及春夏秋冬各季节景色的景观照片，使读者能领略到苏州古典园林在各个季节的迷人美景与吸引人的魅力。这本专著的提纲是分为上下两篇：上篇为总论，下面再分第一部分绪论，第二部分布局，第三部分山石，第四部分理水，第五部分建筑，第六部分花木。下篇是实例，从大型园林到小型园林循序排列进行详细分析。我是被安排对苏州古典园林的建筑部分进行研究，当时也不知道如何去研究，刘先生就推荐我们去苏州拜访两位在园林研究方面比较有成就的人，其中一位是汪星伯先生，他是清华大学汪坦教授的父亲，对苏州古典园林的建筑了如指掌，也很愿意协助刘先生完成这本园林专著。所以，我们去请教他的时候，他总是很耐心地讲解苏州古典园林中各种建筑的名称及其含意，彼此有什么不同。比如厅、堂、轩、馆，听上去都差不多，其实含义各有不同。厅就是主要的厅堂，而且构造中主要使用长方形的梁；堂也是主要的厅堂，但是构造中使用圆形的梁；轩是小的厅堂，还另有一种含义，是指房屋中天花板的构造，例如"船篷轩""茶壶档轩""鹤颈轩"等；馆是文化、娱乐性较强的建筑，用作欣赏和娱乐，以及庆典的房子，例如"三十六鸳鸯馆"、"五峰仙馆"等。由此我们才知道它们之间的区别。楼阁之间也有区别：阁是每一面都要开窗的，而且多半四面对称，楼只有两面开长条窗，而且平面多为长方形。这些分类都非常细致，但有些时候也有例外，比如阁一般是比较高的，两层或者三层，但如果在水边上也可以叫水阁，比如网师园中的"濯缨水阁"（图4-1）。所以某些概念在特殊情况下有特殊应用。当时跟着汪先生看了很多房子，他一一解释，这些对我都有很大的启发。另外，园林建筑的取名也很有讲究，国外的很多景点中建筑的位置并不考究，房子和环境的关系以及房子的文化底蕴并没有表现出来，而中国的古典园林中很多建筑都是与诗情画意相结合的，比如"雪香云蔚亭"的含意就是下雪的时候还能闻到香味，就说明周围种植有梅花，以梅花来衬托建筑（图4-2）；边上还有个亭子叫"待霜亭"，因为周围种了很多橘子树，橘子红了的时候，正是下霜的季节，用这种含蓄的名称来表达建筑和周边环境的关系。

中国建筑中房屋的构造也很特殊，苏州古典园林的建筑中最重要的特色就是房屋的屋角，一种是水戗发戗，一种是嫩戗发戗。发戗是起翘的意思，水戗发戗就是戗脊起翘，嫩戗发戗就是仔角梁起翘，它们的区别就在于此。根据建筑物的大小和形式的需要来决定使用哪种屋角。要掌握苏州古典园林

图4-1　网师园濯缨水阁　　　　　　　　图4-2　拙政园雪香云蔚亭

的建筑特色，一定要弄清这两种发戗的特色，屋角都是伸出来的，不仅在立面上，平面上也是如此。此外，苏州古典园林的另一个特点就是漏窗的窗花，基本上样式各不相同，表现了技工的巧妙构思，漏窗图案基本上是由瓦片木片组成的，原则上要在地上先铺好样子，然后再搬到墙上去，不然怕搭不起来。如果真的数起来，苏州古典园林中光漏窗的图案就有上百种，其中有几何花纹的，有自然花纹的，还有琴棋书画等叙事的题材，它是一种很宝贵的素材。园林中的地面也很讲究，常常以卵石铺成各种各样的花纹，有的铺成海棠纹，有的铺成自然的纹路或几何花纹。这些都可以说明园林中建筑和环境结合得很恰当。

特别值得一提的是建筑物的主次布置非常清楚，主体建筑一定要布置在显眼的位置上，比如拙政园，一进门就可以看见主要的远香堂（图4-3），它是一个四面厅，每个面都是空的，是一个主要的观景和接待的位置，每个面都有很好的景致，各不相同。例如从远香堂向北望，就可以看到雪香云蔚亭作为主要对景。另外我们可以看出，在园林的制高点上都有一个亭子，可以在上面鸟瞰全园的景致，同时从各个方向也可以看到山上点缀的景观。除了对景之外，园林中还有借景，比如在梧竹幽居亭旁就可以看到远处的北寺塔，好像北寺塔也在园林中一样，这就是"远借"，把外面的景色借到园中来。另一种叫作"邻借"，比如"三十六鸳鸯馆"边上的宜两亭，在这里可以看到拙政园中部所有的景观。有一种叫"俯借"，可以借水景中的倒影。还有一种借景叫应时而借，比如"听雨轩"，取名自陆润庠的诗句"留得残荷听雨声"，从名字就可以推断出它周围一定种植了很多芭蕉，池中还有不少荷叶，下雨的时候就可以欣赏雨景，聆听乐音。一般建筑的取名和周围的景观、植物都相映成趣，才能取得诗情画意的效果。

一开始到苏州古典园林中，我并不知道有这么多的学问，后来慢慢体会到这里面有很多复杂的东西需要我们进一步去研究和体验，因为这些都是先辈们在园林艺术创作过程中留下的宝贵经验，值得我们去继承和发扬，甚至去考虑今后如果我们设计园林，如何参考借鉴这些优秀的艺术经验。我这里只是讲到建筑部分，并不是园林的整体布局，如果考虑到总体布局，还要进一步考虑整体，是以山为主，还是以水为主，或者要考虑园林的主要特色。当然，我们今天设计现代公园，不可能照搬苏州古园林的模式，因为那是古代的私家园林，现在公园当然要考虑公共性和开放性，但是它的处理手法仍不失为在局部设计中的有效对策。也有人认为研究苏州古典园林主要是学习其空间处理手法，其实它的空间处理手法目的是为造景服务的。创造出更多的"景"才是目的。人们在园林中随着游览步伐的移动，景观就在不断地变化，吸引着人们继续前行，使得在有限的空间中感到无限的空间和不同的景观，这就是造园的最终目的。因此，作为一个建筑的学者，除了吸取园林中建筑与空间的宝贵经验之外，也很有必要去进一步了解古典园林中关于植物配置的经验，山石的设计，水面的布置，以及园林步径的安排，只有这样才能体会到苏州古典园林遗产给我们的全面艺术享受，它可以在很多方面被不同的学者所借鉴。

图 4-3　拙政园远香堂

图 4-4　网师园殿春簃前院

在研究苏州古典园林的时候，我们的分工很细，当时我在做建筑调研的时候，除了做单体或环境调研外，也考虑了与周围花木的关系，因此还去拜访了方正老先生，他在植物方面非常有研究。他讲到，在苏州古典园林中，植物的布置非常有讲究，不仅要讲究美观，还要讲究含义。比如在厅堂前面的院子里种树，一般要种玉兰和牡丹，象征着玉堂富贵，其中牡丹代表了富贵，玉兰意喻清高。所以我们可以看到，大部分园林的花坛以牡丹居多，还有一些花坛中种植了芍药，因为中国有句俗语，牡丹为花王，芍药为花相，两者很相似，只是牡丹的花期早一些，它是木本，而芍药的花期迟一些，是草本植物，牡丹的花也比芍药的大一些，这二者经常在园林中同时出现。网师园里的殿春簃前院种植的全是芍药，殿春就是晚春的意思，芍药是晚春开放的花卉，殿春簃的意思就是晚春时候赏花的小房子（图4-4）。古典园林中很讲究植物的配置，树种不能太单一，一年四季都要有花可赏。比如早春的时候可以看梅花、杜鹃，之后可以看牡丹、芍药，夏季主要观赏荷花和紫薇，紫薇中有一种开白色花的品种，称为银薇。荷花可以说是园林中不可缺少的植物，但也要看水池的大小，比较大的水池常种荷花为主，如果荷叶长满整个水面的话，就会比较难看，所以一般都会在水下控制一下荷花的根部，最多荷叶不会超过水面的三分之一，要留出水面的空间，看起来比较自然，具有观赏性。小的水院如果种荷花的话就太满，比较适合种睡莲，睡莲的叶子比较小，花也比较秀气，为了控制叶的蔓延，一般会把睡莲的根种在坛子里，就可以一直保持合适的大小。拙政园中的小沧浪水院就是这样处理的。在这个水院中，还能同时体现出园林景观的分区，空间流动的效果，光影的变化，不同建筑的美丽组合，以及和周围环境的有机融合，形成了一组无声的乐章，使人流连忘返。苏州古典园林就像一个蒙着面纱的美丽少女，在你不认识她之前，你只是好奇和新鲜，并未感到她的价值，在你了解和熟悉她之后，你就会感到她的魅力无穷（图4-5，图4-6）。

……

1979年童寯先生还为刘敦桢先生刚出版的《苏州古典园林》一书写了长篇的英文序言并在国外发表，这篇文章意境优美，非常珍贵，现经过童老的后人，同济大学建筑学院童明教授允许，将英文原文附录于下，供读者欣赏，同时将李大夏先生翻译的中译文也一并附上，以便读者阅读。[编者按：在与童明教授联系之后，他特地在《童寯文集》中找到了收录的这篇文章并且将影印版发给编辑。童明老师在回复编辑的邮件中写道："我抽空将这篇文章仔细看了一遍，事隔这么多年，仍然感到是一份极品……在英文原文中，许多意境的表达，以及法文、意文后面的特定含义，用中文难以说清楚。我认为这是写作中国园林最好的一篇英文文章，无论是文笔还是内涵都达到极致。"]

苗园冠云峰　　　　　　　　　　　　　　　　 织造府瑞云峰

79.9.3.　　　　　　　　　　　图 4-5　苏州园林湖石峰速写

79.9.3. 姑苏　　　　图 4-6　苏州园林小景

SOOCHOW GARDENS

Which embody all the characteristics of
the Chinese Landscape Art

When one is viewing a scroll of Chinese painting, one seldom inquires whether so large a man could creep into so small a hut, or whether a crooked path and the few thin planks which bridge a billowy torrent could carry the drunken recluse on his donkey to the opposite shore in safety. In Chinese painting, such rules or rather exceptions must be agreed upon before any esthetic pleasure can be enjoyed. The same convention in absurdities also applies to the Chinese classical garden, which is in fact but Chinese painting in third dimension.

If a visitor to a Chinese garden in Soochow or anywhere else for that matter, after entering and before wandering too far, should pause (hesitation is wise, for he is embarking upon something not unlike an adventure), and by glimpses transcend space and volume and resolve the whole into one flat surface, he would be thrilled to realize how closely its design resembles a painting. Before his very eyes stand a landscape, not drawn with the painter brush, but a composition of arbor, brook and weeping willows unmistakably recalling that familiar pattern which one associates with a Chinese painting--the same crooked path, the same hazardous bridge, the same cramped opening into a grotto. The visitor, by the way, could well be satisfied with just this much and turn away, leaving yet unseen the landscape beyond as new discoveries and new surprises for another day. For this reason, the past owner of a Chinese garden seldom lived in it and only occasionally paid it a visit. Well worth preserving was the distance that lent enchantment.

A Soochow garden is not different from the traditional garden in any other part of China, Soochow gardens rank foremost mainly because of historic background, high quality and great quantity. As far back as the fourth century A.D., Soochow won fame as the city where was situated the garden of Gu Bi-Jiang (顾辟疆园), whose exact location could not be identified from the eleventh century onwards. It was the first best known private garden south of the Yangtze. Earliest garden still extant dates back to the 10th century. The longer the garden's history is, the least it resembles its original design, on account of repeated alterations. Many Soochow gardens today began in the Manchu Dynasty, generally after the latter half of the last century. Celebrated as the center of superior craftsmen, Soochow boasts of fine brick work and carpentry. Canals and roads facilitate communication, and laying foundation for cultural activities, agricultural products and trade contribute to a thriving economy. Then the clement weather is ever favorable for horticulture, supported by water source in abundance. Induced by such propitious conditions, the landed and the moneyed used to flock here to abide, constituting a major part of the leisure class. For their amusement, the nurseryman, the poet and the painter pooled their talent for scheming, construction and cultivation, and gardens flourished. Under similar conditions, gardens in other cities also sprang up, though in number not on a par with Soochow.

The old-school critic maintained that only a good painter could design a good garden. Incidentally, two centuries ago in England, this dictum was echoed by William Shenstone when he asserted that the landscape painter was the gardener's best designer. An ideal combination was found in the Tang (唐) poet-painter Wang-Wei (王 维 699--759 A.D.) who designed his own garden to beguile his years of retirement. One scholar summed up Wang-Wei genius in these words: "his poetry suggests painting, and his painting, poetry." Antedating Rene de Girardine "the poet's feeling and the painter's eye" by ten centuries, such a tribute Wang-

Wei justly deserved. The relation between painting and gardening, as between the painter and gardener was so close that the one hardly ended when the other began. If Alexander Pope declared that "all gardening is painting", he inadvertently was ranking Kent the "canvas gardener" with Wang-Wei, painter, designer and owner of a garden all in one person. To depict the scenery in his garden, Wang-Wei left to posterity some incomparable drawings which from then on served as the inspiration and model of all gardens befitting literary men. From these drawings one was led to believe that Wang-Wei's garden was as inimitable as his painting, being both equally sublime. Nay, Thomas Whately went one step further, persisting in the dogma that "Landscape gardening was superior to landscape painting"!

In China's past, every garden owner strove to imitate the garden of the scholar. The rich and the parvenu were prone to overdo their city villas and country estates, going all out to make them look scholarly and refined. They would feel deeply flattered if they were commended not for their opulence but their taste. Such a garden, as a sign of "conspicuous waste", served well to enhance its owner status in cultivated society and the dolce-far-niente crowd, besides providing him with a refuge in his rus in urbe from mundane worries and everyday struggles. Even the emperor, mighty and magnificent though he was, felt sometimes the urge to flee from his city palace, in order to live the life of a country gentleman in one of the imperial garden estates. Here he imagined himself to be Wang-Wei, or some other poet, painter or recluse, and indeed, could hardly resist the temptation to adopt a nom de plume. A strange contrast was to be found in the seventeenth century in France, where the "Grand Monarch" used Versailles not for seclusion and meditation but for the most elaborate entertaining and amusement. Decidedly, compared with the vastness of Versailles all other palace gardens of the world appeared cramped, and Louis XIV could hardly be blamed for his flight to the country. In the Chinese garden, on the other hand, be it imperial or humble, crowds are not only out of place but also out of the question. Its intimate quality hampers the flow of traffic and defies the presence of multitude.

Unusual indeed it is when one finds a garden without architecture. Basic and ubiquitous is unquestionably the arbor or gazebo. This toy-like building can even stand on a single post, or take the plan form of a triangle, a circle, any polygon, double square, interlocked circles or a cross. It's top covering thus ranges from a simple pyramid to multi-pointed and multi-hipped roofs. A sizable structure, the pillared and rather lofty hall, occupying a key position, is the accent of any garden composition and preferably opens on all four sides with removable windows intricately latticed. The hall has its own raised terrace or roomy pavement. A den, on the other hand, is best given a secluded spot. Another feature in garden architecture is the covered veranda. This colonnaded corridor mainly serves to connect building with building or, if standing between two courts, to divide yet unite them by virtue of its being open and un-obstructive. Wherever desirable to separate two courts entirely, it is then simply walled up, decorated with traceried windows regularly spaced. If the veranda happens to stand on water, it assumes the form of a covered bridge. Some long-veranda is made zigzag or wavy, and when built on hilly ground, must follow the contour by sloping or stepping up and down its floor. A garden building also functions as a vista or center of attraction, especially when enhanced by flowers, trees or some other ornament. One drawback must not be overlooked: too many buildings plus muddled layout leads to claustrophobia.

Garden architecture, besides the stone boat and water pavilion, also includes an interesting and highly artistic element—wall tracery. Walls are indispensable in the garden, both as outside boundaries and for interior court divisions. A wall, not the ordinary, blank, right-angled and functional masonry structure, may be either curved in plan or undulatory on top, or even both, and pierced with openings of various shapes and freely curved or geometrical patterns, much like the claires-voies (格子孔) in the Moorish gardens. Through such innumerable openings one catches sight of a fragment of the courtyard beyond or a portion of scenery set in one of the ornamental frames. The wall often combines with the veranda, pavilion or even rockery work, and makes one not to feel it as an obstruction. A white-washed wall may serve to "print" the shadow of bamboo in sunlight or as background for some rockery or a quaint plant.

Besides the two common elements, building and plant life in the garden, one usually finds a third--rockery. This queer object, peculiar to the Chinese garden, half natural and half mason-crafted, serves as transition from artifact to nature, and as a garden feature is absolutely unique in the world. Rockery, however, in no sense resembles the boulders which once happened to exist on the garden site such as Cicero, with Oriental perception, noticed and mentioned in writing in his Roman villa. Nor was rockery the kind of stone Thomas Whately assigned as ornament in the picturesque garden in eighteen-century England (excepting, of course, some tufa arch and grotto in Surrey). Most rockery was brought from a distance, sometime hundreds of miles away. One of the highly prized varieties was "Lake rock" (湖石), quarried from deep water. This lake is not far from Soochow; thus the city accumulated a large quantity of "lake rock". With rockery supply rather plentiful, the task of garden making in Soochow as a result was rendered comparatively simple and economical. More, lake rock also exists as an attraction which has made Soochow gardens famous. A rockery hill may serve as the central theme of one courtyard or even a whole garden. Rockery shape is characteristically spare, porous and grotesque, strangely resembling contemporary sculpture by Moore and Noguchi, with its abstract outline and positive and negative volumes. Either erected as an individual ornament, sometimes on a pedestal in the manner of European garden statuary, or, if more than one piece, it can be cemented together to form caves, tunnels and peaks. Some rockery work was so extensive that it became the dominant feature and occupied a large portion of ground, as in the case of a historic garden in Yangchow (扬州) named "Ten Thousand Rocks" (万石园). Another example is the well-known Lion Garden (狮子林) in Soochow.

Many a "Catalogue of Stones" (石谱) was published in China past by connoisseurs of rockery. As a valuable document, the Catalogue Cloudy Forest by Du-Wan (eleventh century A.D. 杜绾,《云林石谱》) was reprinted by Berkeley University of California in 1961. Drawn and engraved by great artists and accompanied with scholarly comments, such catalogues attempt to point out graphically the pictorial qualities of famous rocks in numerous localities. The ancient scholar preoccupation with the "personality" of rockery was such that he seemed all but insane. Perhaps Shakespeare sadly erred when, in Antony's speech, he denied stones' intelligence and sensibility. It must be admitted that the ancient lover of stone either had good sense of humor or perhaps was serious in his mind when he contemplated the pebble as a symbol of the mountain.

Not all gardens contain all the aforementioned three elements. A body of water, large or small, can also serve as a dominant feature. The lotus pond or an islet in the lake with a skiff floating nearby, is always an attraction, especially when mandarin ducks (Aix galerifulate) swim on its surface. The shore might be either of earth, stone, rubble masonry, or dotted with rockery. The mere presence of water, flowers and trees do not, in the opinion of the Chinese designer, constitute a good garden. There are gardens entirely devoid of water. Some gardens are famed for rockery alone. While in the tradition of Le Notre verdure dominates the European garden, so much so that if allowed to grow unchecked it would run wild. Trees were judiciously employed by the Chinese, just as in painting, chiefly for screening off the other elements. No trimmed roses and mown green are in evidence. One looks for the clipped hedge and gushing fountain in vain. Such features are essential in the Western geometrical arrangement whose perfect symmetry can only hopelessly court the scrutiny from the man in the moon.

But the Chinese garden has its own irrationalities which must seem ridiculous to the Western mind. Who should suspect that the second floor of a pavilion is often inaccessible? One is lucky to find a workable ladder! Then there is the narrow and serpentine footway which covers the longest distance between two points, and the slippery, almost perpendicular rock hill so precarious as to discourage climbing. A meandering stream winds its way under the low and zigzag bridge, whose function, oddly enough, seems to conduct you near the water enough to be drowned rather than to cross it. Confusion worse confounded! Those who are impressed by the monumental beauty of the Italian villa and the simple charm of the English park cannot but feel perplexed at such shortcoming and unreasonableness.

Yet all these unpredictable features belonged to a different school of thought that was entirely compatible with ancient Chinese philosophy. If straight walks, long avenues and well balanced parterres resulted from the mathematical mind of the West, China old philosopher desired to escape from such stiff orderliness and geometrical rigidity. In his garden curves and studied irregularity known as "Sharawadgi" (斜入歪及的意思) characterize the design, and space disposition limits visibility to one single-pictorial courtyard, many such courtyards being found in a big garden (how kindred in spirit, the Alhambra of Granada!) To play to the full on the hide-and-seek motif, the visitor's movement in the puzzle would be ever so often deviated and sidetracked. But it matters little. Is it not so much more enjoyable to travel than to arrive? To him, decadent in the extreme, a pleasure delayed is a pleasure twice enjoyed. No garden should be one in which from any given point the entire scenery is visible at a glance. In addition, care was taken to achieve contrast through open versus closed space, dark versus bright spots, high versus low openings and big versus small surface or volume. To make possible the myriad vistas and various centers of interest, not only walks are curved, but the ground is also often irregular in contour so that vision is confined to a little at a time. Not so the European garden. Its open arrangement and far-reaching view became so tiresome that maze and labyrinth had to be invented to satisfy the curious and the wayward; and to compensate linear monotony, little secret gardens were plotted amongst groves in Versailles.

The Chinese garden is nothing but a garden of deception; a wonderland of fantastic dreams come true and a little world of make-believe. If an oriental philosopher was not troubled by the inaccessibility to this arbor or that hill in a painting, he surely seldom found it imperative to demand otherwise in his garden. A fact entirely incomprehensible to modern mentality was the absence of any path in ancient Japanese gardens. The observer was only too contented viewing the landscape at a distance from the veranda. Hard as it might be to one's mind to acquiesce to the idea of a pathless garden, imagine the horror of today's landscape architect of the Western school whose client demands a garden wherein plant and water are entirely taboo! Yet the Japanese gardener did possess the genius of shaping the "dry landscape" and was capable of making a garden with only sand, moss and some rocks. Witness the famous Ryoan-Ji garden in Kyoto. One canon in the Chinese garden design was that one had to find in the little the great, and in the evident the intangible. Thus Buddhistic teaching introduced from China brought forth the Japanese "dry landscape". With this Zen doctrine fits in well Blake's conception - to see the world in a grain of sand and heaven in a wild flower. A similar oriental outlook prompted Robert Fortune, who visited China to collect plant specimen in 1842, to point out that to understand the Chinese style of gardening, it was necessary to see an endeavor to make small things appear large, and large things small. After all, the universe is so vast that any garden, however extensive, is at best microscopic as an imitation of nature. In this connection Samuel Johnson showed great sagacity to opine that "a little of it is very well". Tolerating no perversion, Dr. Johnson would have hated to see something totally foreign to China, topiary, the clipping and pruning of bush and box like birds and animals, as a "second touch of nature". Even the entrance to the Chinese garden is so inconspicuous and casual that a visitor can slip in without ceremony. On the other hand, the gate of the European garden is often such an embellished and imposing affair that an oriental visitor would indeed wonder if he is coming back to nature when taking leave.

Make no mistake of it, that in China's past, plant life was regarded with indifference. Some plants were selected for foliage, some for fruit, some for blossom or scent, and some for providing shade. Even creeping ivy could be utilized to cover the bare surface of a party wall. Flowers were loved, and, in the case of bamboo, universally sung and painted. Old trees were prized for their antiquity and dignity. But no garden is a Chinese garden if it looks merely botanical. The same erudite Johnson once dogmatically queried Boswell, "Is not every garden a botanical garden?" If the great lexicographer's word was final in the English sense, in the Chinese usage "botany", dealing with herbs, had only to do with the apothecary and the invalid. Evidently his good friend, Sir William Chambers who saw and admired the Chinese garden, neglected to convey to him one of the essential qualities of this branch of Oriental Art. Trees and flowers in the Chinese garden of old had their place and purpose and sometimes, even preeminence. The paeonia moutan in Luoyang (洛阳) in the twelfth century and the paeonia albiflora in Yangchow in the eighteenth enjoyed such fame that they immortalized the gardens they adorned. Even today, Soochow boasts of a distinct species of camellia in the Manchu Garden. But in these gardens, besides flower beds, architecture and other features were also employed, and well-chosen flowers and trees were made to seem casual and unobtrusive. The English landscape garden, though, went too far. Lancelot Brown was "capable" of abolishing flowers altogether, when given a chance to "improve".

After the garden was completed, in the early years, while architecture and other artifacts were soon mellowed with age, many plants still lagged behind; and when at last trees had grown old gracefully, buildings were approaching disrepair, rockery, of course, endured longest. An Oriental philosopher viewed such vicissitude with complete equanimity. His detachment was easily comprehensible since he looked at his garden only at great intervals, just as he looked at his collection of rare old paintings. Both demanded an occasion. Both improved with age.

A garden might be built on the slope of a hill. In such a case, the Chinese designer displayed ingenuity as great as the Italian in planning series of terracing, one higher than the other. The Chinese used the terrace to provide a shelter below and for planting or promenading above, and one terrace became one courtyard still retaining seclusion. Furthermore, occasionally, taking advantage of the elevation one might even look down into a lower neighboring garden, if any, or enjoy a distant view of the surrounding countryside with some feature like a temple or a pagoda, thus acquiring a "borrowed scenery" (借景). As a result, the picturesque range of the garden seemed enlarged many times. This was a favorite theme adopted whenever the designer had a chance. One is tempted to recall the striking view offered by Brunelleschi's dome seen from the Boboli Gardens, or of St. Peter's from behind the fountain on Villa Medici's terrace.

A unique feature in the Chinese garden is its close association with the literary realm. No building in the garden is complete without tablets or plaques bearing inscriptions composed and written by well-known poets or scholars. Such inscriptions call for skill both in wording and calligraphy, and are constantly found in a hall, a pavilion, or over a gateway. Every building is invariably christened an individual and appropriate name. A parallel case existed in eighteen century England, when poet-gardener William Shenstone put up in his own estate "Leasowes" (野牧草场) plaques inscribed with suitable verses expressing sentiment appropriate to the scenery. As the principal leader of Romantic Movement, he influenced his followers to exploit the picturesque garden to the extent that "every folly must have a name". Understandably the inscription excites in the visitor a literary response which combines visual pleasure with philosophical detachment. If the garden is more than painting, if indeed it is poetry, then these decorative writings serve the very purpose of rousing that poetic feeling.

Furniture, outdoors or inside the building, constitutes the last but not the least item as garden ornament. For decoration, common practice was to have lanterns hung from ceiling and stone tablets encased in wall, with sometimes tray landscape or bon-sai placed here and there. Discreet choice and fitting and proper arrangement could result only from sound judgment and impeccable taste.

From some of the foregoing paragraphs we find certain features in common between the traditional Chinese garden and the eighteen-century English pictorial landscape. If imitation was the sincerest form of flattery, then the English Romantic School paid China the highest compliment by following, either unconsciously or *pari   pasu* on purpose, the Chinese example.

More than a generation ago, two well-known New York architects came to Shanghai starting their China tour: Ely Jacques Kahn in 1935 and one year later, Clarence Stein with his wife, the actress Aline Macmahon. Soochow gardens they listed as a must and I had immense pleasure, on different occasions, in accompanying them around. And believe me, it was astonishing to see their spontaneous response to the esthetic peculiarities of Chinese garden art even before I had time to point them out. Each trip was taken when wisteria was in full bloom. Each ended as a perfect day.

Many foreign lovers of the Chinese garden, from William Chambers down, have written books on it. One or two recent examples will suffice. Osvald Siren's *Gardens of China* published in 1927, dealt chiefly with what he saw in the North. Talbot Hamlin, in his *Forms and Functions of Twentieth Century Architecture* (published in 1951) devotes a section to "Gardens and Buildings" in which one finds two Soochow garden plans and an account of the curving path, variety of views, the changing landscape, the mystery and climax, intrinsic qualities all contributing to the fantasy and picturesqueness of Chinese gardens.

The Chinese garden, like any garden anywhere, is truly an art of peace. Brigandage, warfare and the elements have been its chief destructive force. While an impecunious or irresponsible owner might easily neglect his garden to the point of decay even during peaceful days, in time of armed conflict few gardens were spared from damage or annihilation. Restoration and repair work done by the People's Republic after liberation helped to revive this glorious art to a great extent, chiefly in Soochow where famous and less famous old gardens, big and small, amount to the number of over a hundred, giving the city a unique position unchallenged by any other locality.

One must not forget that aside from violence, there is also the subtle and peaceful agent which tends to undermine the very vitality of the already hazardous existence of the Chinese classical gardens, and that is the landscape architecture of the West which is fast becoming fashionable in Modern China. The Chinese classical garden, like antique Chinese painting and other traditions arts, is in danger of being relegated to be mere archaeological relic if allowed to go its own way uncared for. Many famed gardens would have gone to the realm of oblivion if no timely measures had been taken to come to their rescue. A great effort has already been made by the People's Authorities to revive public interest in appreciation and reappraisal of traditional garden craft. We who have seen and studied this frail and fast fading flower of an old culture owe to posterity and the world at large a faithful and adequate account of those gardens that deserve preservation and enjoyment. This document *Soochow Classical Gardens* is an attempt with that purpose in view. It was originally drafted in 1956 by Professor Liu Dun-Zhen (刘 敦 桢 1897-1968) of the Department of Architecture of our Institute, assisted by members of the Division for Theoretical and Historical Research in Chinese Architecture. In the ensuing decade they continued to explore every Soochow garden and to collect relevant materials with incessant additions and revisions. In 1973, teaching staff in the History Section of the Department of Architecture, basing on the final document with plans, photographs and drawings, compiled this present volume.

I am indebted to Prof. Christopher Tunnard's *Gardens in the Modern Landscape*, which I find most handy for reference.

Chuin Tung (童寯)

Professor of Architecture

Nanking Polytechnic Institute

Feb. 1978

附2：由李大夏先生翻译的中文《苏州园林》

苏 州 园 林 （中译文）

集中国造园艺术特征于一身

李大夏　译　汪坦　校

　　欣赏一卷中国画时，几乎无人会问，如此巨大的人能否屈身钻入此等小小棚屋，或者一条弯曲小径，几块跨越湍流的薄木板，其憩于驴背的隐士能否安全抵达对岸。对中国画而言，在领悟其美感愉悦前，必须接受这些看来是反常的规则。这种玄虚的做法，同样适于中国园林，唯中国园林实乃三维的中国画。

　　到苏州或任何地方的中国园林游览的人，入园之后在尚未徜徉许久之前应当停顿一下（犹豫是明智的，因为他所从事的无异于一次冒险），投一瞥于无法形容的空间和体量，并把全景投合于一个平面，他会惊叹于该园林设计与一幅绘画何其相似。在此人眼前，是一幅并非用画笔，而是用树木、溪水和垂柳等构成的画面。它无疑会使人想起中国画的稔熟程式——同样的曲径、危桥，同样的石窟、洞门。游人会就此十分满足，并转身离去，把未曾得见的景色留待他日再次发现，再次为之嗟讶。因此，昔日中国园林主人极少住于园中，只是偶一访之。保持一定距离是值得的，这能赋予魅力。

　　苏州园林与中国其他地方的传统园林并无不同，主要由于历史背景，质量高，数量多，遂使苏州园林位居榜首。最早可追溯至公元4世纪，苏州城因顾辟疆设园于斯而得盛名，11世纪后，该园确切地址已无以寻考。此园乃江南第一知名私家园林。现存最早园林始建于10世纪。由于一再更迭，凡园史越久远者，则与原园相类处越少，今日诸多苏州园林始建于清代，一般为19世纪后半叶。作为优秀工匠的中心苏州城为其精美砖瓦、木作而自豪。

运河和驿道功在交通，并为文化活动、农业生产和物资交易打下基础，促成了经济繁荣。温和的气候有助于园艺，丰足水源更为之过增益。为如此有利条件所引导，聚落于苏州的有地有财之户，构成了有闲阶级的主体。为了他们的消遣，园丁、诗人和画家倾注其才智于构思、营造与栽培，因而园墅大兴。条件相类的其他城市亦园林迭起，但在数量上不能与苏州相匹敌。

老派评论者认为只有优秀画家能设计优秀庭园。顺便指出，几个世纪前英国的威廉·申斯通 [1] 重复了这一信条，他断言风景画家乃园林最佳设计者。唐代诗人、画家王维可称是最理想的身兼二任者，他设计了供其本人消磨退隐生涯的园林。有位学者概括王维的才华："诗中有画，画中有诗。"雷恩·德·吉拉廷 (Rene de Girardine) 有"诗人的感觉，画家的眼睛。"而王维比他早 10 个世纪，理所当然地获得了这样的颂词。绘画与造园的关系正如画家和造园者之间的关系一样密切，故而二者总是形迹相连。若是亚历山大教皇宣称"一切园事皆是绘事"，他就出于无心地把"画布造园家"肯特 [2] 和一身而兼为画家、园艺家和园主的王维相提并论了。王维在描绘其园林景色时，为后人留下了若干幅无与伦比的绘画，这些画从此成为所有文人园林的启迪和楷模。从这些画，人们相信王维的园林和他的绘画一样难以仿效，一样的出类拔萃。托马斯·惠特利 (Thomas Whately) 走得更远，甚至坚持武断主见，认为："风景园比风景画更高超！"

昔日中国，每个园主都力图模仿文人园林。富家与暴发户每每将他们的市墅乡居频事修葺，以竭力使之有文人气息，美轮美奂。若不是因为富有而是因文化情趣而得到好评，他们就深感受宠。此类园林，作为一种"惹人注目的浪费"，除了为主人在其城市山林 (rus in urbe) 里提供一个逃避世俗烦恼和日竞日逐的场所外，也能很好地提高主人在文人骚客中及乐于无所事事者之间的地位。甚至帝王，虽然威势显赫、十分高贵，有时也企求逃离其城市宫室到某一皇家园囿中去过乡村士绅的生活。在那里，将自己想象为王维，或其他诗人、画家或隐士，难以抵抗这种屈尊以求名雅 (a nom de plume) 的诱惑。但在 17 世纪法国却有一个奇特的对比。"最伟大的君主"将凡尔赛当成专事最精美的游宴和欢娱的场所，而不是退隐和静修之处。与凡尔赛的宏大规模相比，世界上所有其他宫廷园囿肯定显得仄人。路易十四好像也不因其逃遁乡间而受过谴责。而中国园林正好相反，无论皇室，私家，摩肩接踵不仅不合适，也是不可能的。其亲切感视车水马龙般喧闹为大碍，也不适宜大量人众入园。

要找到一座没有建筑的园林实在属不寻常。棚架或凉亭无疑是基本和无所不在的。这种玩具般的建筑物甚至单柱而立，也或以三角形、圆形、任意多边形、连方、锁圆或十字等为平面形式。其屋顶有攒尖顶、多个攒尖形式以及坡顶组合。尺度较大的，有柱子并较高的厅堂，占园中主要地位，是所有园林布局的特点所在。该厅常常四周敞开，设以可装卸的精致装折。大厅有升高的平台或宽广的铺地。书斋则是最好占据隐蔽地点。园林建筑之另一形式是有屋盖的游廊，这种柱廊主要用于连接建筑或设于院落之间，因其通透不隔，起着既分又连的作用。但在要求完全分隔开的院落之间，则仅设墙以围堵，墙上按等距以漏窗装饰。若是游廊在水上，则成为有屋盖的廊桥。某些长廊做成曲折或波浪形式，若是建在丘阜之上，则其地坪按地形变化或是成坡，或是成阶。园林建筑也起到构成对景或景观中心的作用，尤其是当被花卉、树木或其他装饰所美化时，更是如此。但一种缺憾决不容忽视：过多的建筑物，加上杂乱的布局会导致一种幽闭感。

除了石舫和水榭外，园林建筑还有一种十分有意思而又富于艺术情趣的成分——墙上漏窗。墙是园林不可或缺的，既在园周为界也作内院分隔。园墙并非如平常墙壁那种一片平实成直角的功能性砌筑结构，它既可平面为曲线，也可在墙顶部作起伏，甚至两者兼之。墙上开以各种形状自由曲线或几何形的窗洞，与摩尔人花园中的格子孔（Claires-voies）相仿。透过数不胜数的窗洞，人们可获取邻院景色一隅或框景一幅。墙也常与游廊、亭子、甚至假山合为一体，使人不感到墙是一种屏障。白粉墙上可映印日光下的竹影，或作为奇石怪树的背景。

除了建筑和植物这两园林中常见要素外，还有第三个要素——假山。奇山怪石，半自然半人工，于中国园林有特殊含义，起着由人工向自然过渡的作用，也是世界上最独特的园林一艺。但是，与西塞罗[3]在他的《罗马别墅》

中所书写的以东方眼光所评介和描述的园中巨砾相比，绝无相像之处。与托马斯·惠特利[4]在18世纪英国风景园中做装点用的石头亦不同。当然，位于萨里[5]的某些石灰石拱和窟，可为例外。大多数山石远途运来，有时远达数百英里。最昂贵品种之一应数采自深水的"湖石"，此湖距苏州不远，故该城有大量"湖石"，由于石源丰足，使苏州的造园作业要较为方便而经济。湖石的动人姿态更增苏州园林盛名。一座石假山可为一院甚或全国的主题。山石之形以瘦、漏、奇者为上。当代雕塑家摩尔[6]和野口勇[7]的作品与之惊人相似，形态抽象、虚实互补。可以单石装点，有时如欧洲园中雕像一般置于台座之上；或可多片叠合以形成洞穴、隧道和峰岳。有些假山，石工浩大，成为园中主题，占以巨大地亩。扬州历史名园万石园假山即为一例，另一名例为苏州狮子林。

往日，山石行家在中国印行过不少石谱，作为一件有价值的文献，加州大学伯克利1961年重印了11世纪的杜绾《云林石谱》。该谱由高手绘制、刻版，并配以名人评述，意在用图形记表各地名石的画。古代有文人对名石"品格"之癖爱，使人误认其近似疯癫。在安东尼[8]的答话中由于否认石头的智慧和感受能力，莎士比亚也许不幸地犯有错误？应当承认，古代爱石之徒或是有出色的幽默感，或是真诚地相信一块顽石象征着一座大山。

并非所有园林皆具有三要素。或大或小的水系也可成为园林主景。一汪荷池，或湖中小屿系舟一叶，常常引人入胜，尤其是有鸳鸯浮游其上。湖岸可为土质、石质、毛石叠砌或点以散石。按中国造园家说法，仅有水、花、树木不成佳园，有些园林根本无水，某些园仅以石而知名。欧洲花园以勒诺特[9]为传统，草木青翠为园林首要因素，若是不加修剪，任其蔓生则不免丛杂。中国园林则审慎地选用树木，与在绘画中一样，意在摒去其他部分，既无剪齐玫瑰、绿色草坪，也不修葺方整树篱、涌泻喷泉。这些西方几何式工做法，完全对称方式配置，只能令人绝望地祈求月中人仔细品评。

然而中国园林也有令西方人感到荒诞不经之处。谁能相信亭子的二层经常是不可登临的？能找到一架可用的梯子就算好运气。狭窄逶迤的步道，两点间距离极大。溜滑而几乎壁立的石山，如此险峻，令攀缘者畏葸。蜿蜒水流从低矮曲桥下流过。而桥的功用，十分奇特，似乎在引人接近水面以被浸淹，而不是越水而过。简直乱了套！喜欢意大利园墅那纪念碑式壮观的人，欣赏英国式花园质朴怡然的人，对这些缺点和不合理不禁感到困惑。

但是，所有这些出乎意料的手法源自思想上的不同学派，为古代中国哲学完全相容。如果说笔直的人行道，漫长的林荫路，充分平衡的花坛等来自西方的数学思维，那么古代中国哲学家正是要摆脱此种几何式僵硬的刻板秩序。在其园林中，曲线和有意识的不规则，即所谓"斜入歪及"（"Sharawadgi"）乃其设计特点。空间布局将视界限于某个如画院落，一个大型园林可有许多此类院落（与艾勒汉卜拉的格拉纳达王宫何其相似！）。扑朔迷离的这一主旨被发挥得淋漓尽致，游人的迷宫之行也经常偏离正路，但是无须介意，漫游不比直达更有趣吗？对于极端的颓废派艺术家而言，迟到的愉快反而令人倍感欢快，没有一所园林应该从任何一点一瞥而全收园景。此外，还应注意开放与封闭空间的对比。明与暗的对比，高低洞口的对比，大小表面、大小体量的对比。为了获取形形色色的对景和各种各样的观赏中心，不仅小径幽曲，而且地面标高也常做不规则变化，因而一时的视线只能限于一个局部。欧洲园林则与之不同，其开敞布局使景物一览无余，令人感到厌怠。为此，不得不以迷宫和曲径来满足好奇心理和不可捉摸感，为弥补直线式的单调，凡尔赛的绿丛中也点缀着小小的隐秘花园。

中国园林实际上正是一座诳人的花园。是一处真实的梦幻佳境，一个小的假想世界。如果一位东方哲人并不为不能进入画中的一亭一山而烦恼的话，那么无疑地他也得认为这一点是他的花园中所绝对必要的。日本古代园林中没有任何小径，这于现代思维而言完全不可思议。观赏者从廊中远距离观赏景色即大为满意。尽管在人们想象中的视野里来默认这种没有路径的园林是很难的，但却更难设想如果顾主要求建一座不得采用植物和水体的花园，将会令今日西方的风景建筑师何等的惶惑！可是日本造园师的确具有构筑"枯山水"的才智，能只用砂、青苔和几块石头造园。著名的京都龙安寺即为佐证。中国造园设计的原则之一是小中见大、实中有虚。由此，凭藉中国传入的佛教学说而产生了日本的"枯山水"。这一禅宗教义与布莱克[10]

的信念相吻合——由一砂可见世界，由一草可见天堂。类似的东方观点促使1842年到中国采集植物标本的罗伯特·福琼指出[11]，要懂得中国园林风格，就必须懂得那种使小的事物显得巨大，使大的事物显得微小的本领。宇宙毕竟是如此广袤，故而不论园林多么大，充其量只能是模仿自然的缩微。这一点塞缪尔·约翰逊[12]的话"略知一二即佳"表达了极大的洞察力，因此由于不能容忍曲解，约翰逊博士也许本来不乐意看到那些对中国而言纯属外来的东西，他把修剪的灌木，剪成鸟形、兽形的树丛和黄杨，称之为自然的"二手货"。中国园林的入口也不显眼，做得平平常常，游人无需冠冕堂皇地进入，而欧洲园墅大门则常常被修饰得堂而皇之，致使东方游客在离园时，也许会怀疑他是否正回归到自然中来。

毫无疑问，昔日中国对植物漠然处置，选用某些植物以观叶，某些为赏果，某些为了盛花和幽香，某些则为遮阴，甚或用攀缘的青藤以覆盖光秃的墙面。花卉受到宠爱，竹子则处处皆受颂赞，也为绘画题材，老树的价值在其古老端庄。倘若园林只是像一座植物园，则不能称其为中国园林。还是那位博学的约翰逊曾教条地与鲍斯韦尔[13]争辩："不是所有的花园都是植物园吧？"这位了不起的辞典编辑者的话，若其英语词义属于不可更改之列，但在中文中"植物"一词则还涉及草药，只与药剂师与病弱者有关。显然，他的好朋友威廉·钱伯爵士尽管见到过中国园林，也十分赞赏，但却忽略了将这一东方艺术的根本特征介绍给他。树木和花卉在中国古典园林中有其位置和用途，有时甚至占有重要的地位。12世纪的洛阳牡丹、18世纪的扬州芍药，均负盛名，并使园林增辉长盛不衰。即使今日，拙政园中名贵山茶花也令苏州城为之自豪。在这些园林中，除花境外，还有建筑和其他，而精选的花木要看上去平常而不事炫耀，但是英国风景园就走得太远了，当兰斯洛特·布朗[14]有机会来"改进"英国风景园林时，他居然"有本事"完全罢黜了各种花卉。

往日花园建成之后，建筑与其他人工物很快就显得成熟得体，但许多植物却远未长成，待到树木长到苍劲潇洒时，建筑物又近于失修了。自然，山石更要待以时日。东方哲人自会泰然地对待这类人世浮沉。他的超然是可以理解的，因为他间隔日久才一观其园，正像欣赏他那稀世珍宝的古画收藏一般。两者都有待时机，年代越久越珍贵。

园可建于坡上。这一方面，中国造园者与意大利层叠台地园设计在才智上一样了不起。中国人在台地下设幽室，其上可供植树或散步。每层各自成院，幽隐不减。更为高明者则借高度之利以俯览相邻的较低的花园，或远眺四郊佛寺浮屠等等，这就是"借景"。结果，园林景色范围似乎扩大了几倍，设计人只要有机会就频频采用这一喜爱的手法，这一手法，使人回想起由波波利花园远望伯鲁乃列斯基[15]圆穹顶的动人景色，回想起站在美第奇别墅层台的喷泉后面，远望圣·彼得大教堂。

中国园林又一独特之处是它与文学领域的密切关系。园林中建筑无不挂有知名诗人、学者所题匾额或楹联。这些题咏文字、书法都有很高水平，常见于厅内、亭中或园门上，屋舍每每命以独特而适宜的名称。18世纪英国有类似做法，诗人兼造园家威廉·申斯通将一块"Leasowes"（野牧草场）的牌匾设于其别墅，刻上与风景相宜的表意文辞。作为浪漫主义运动的领袖人物，他的影响令后继者把风景园搞到了"每个华而不实的建筑都得有个名字"的程度。可以理解，题咏激发了游人的文学思绪，把视觉艺术与哲学上的超脱融为一体。如果园林寓意更胜于绘画，的确富有诗意，那么这些装饰性的题咏正是为提高诗意目的而服务的。

室内外的家具，在园林装饰中可忝列末位，但并非无足轻重。为了装饰，通常在天棚下挂着灯笼，墙上镶嵌石刻，有时这儿那儿布置一些盆景。只有完美的判断力加上高尚的审美情趣才能做到精慎的选择配置以及恰当的处理。

从前述某些段落，我们已经看到了传统中国园林与18世纪英国风景园之间的某些相似之处。如果说模仿是最真诚恭维的话，那么英国浪漫主义学派不论是无意识地还是有目的地效仿中国实例，可说是对中国最高的赞美。

20世纪30年代，两位有名的纽约建筑师到达上海开始其中国之行：埃利·贾基斯·康[16]于1935年间；一年后，克拉伦斯·斯坦[17]偕其妻子，名演员艾琳·麦克马洪。他们旅程表上最重要的内容是苏州园林。我以极为愉快的心情时或与他们做伴。请相信我，十分令人惊讶的是，我还不曾——

介绍，他们即已对中国园林艺术的美学特色十分激动。每次游园都是正当紫藤盛花时节。每天都是完美的，令人快慰。

自威廉·钱伯斯以来，许多爱好中国园林的外国人曾为此写过书。举一两件近时的例子就足够了。奥斯瓦尔德·喜龙士（Osvald Siren）所著的《中国园林》（Gardens of China）出版于 1927 年，主要涉及他在北方所见园林。台伯特·哈姆林（Talbot Hamlin）在《20 世纪建筑的形式与功能》（Forms and Functions of Twentieth Century Architecture）一书中有一节为"园林与建筑物"。在这一节里，人们看到两座苏州园林的平面，以及曲径、各种景观、各季变化景色，神秘感和高潮，——中国园林那如梦似画的精致特色。

中国园林与其他任何地方的园林一样，是真正和平的艺术。劫掠、战祸和自然界侵蚀乃主要的破坏力量。即使在和平岁月，败落的或是不负责任的园主会很容易漠视自己的园林直至颓败。而在武装冲突中，很少园林可幸免于摧毁、湮灭。1949 年以后，中华人民共和国所做的重建和修复工作，在极大程度上有助这一伟大艺术的复苏。修复工作主要在苏州，当地有知名和不甚知名的古园林，大大小小数量逾百，使该城在园林艺术上有任何其他地方无与伦比的特殊地位。

不可忘记，除了暴力侵扰外，也有微妙的和平的力量，促使人们忽视已处于危险状态中的中国古典园林的生机。这也就是正在迅速成为当代中国时尚的西方风景建筑学。中国古典园林，正如中国画和其他传统艺术一样，若是任其沉沦，则有面临湮没无闻而成为考古遗迹的危险。若是没有及时采取措施加以挽救，许多名园也许已成了乌有王国了。人民政府的领导们以巨大努力使公众重新具有欣赏传统园林艺术并对其重新估价的兴趣。我们看到研究了这朵古老文化的娇弱易谢之花的人，有责任为了子孙后代，为了全世界，对那些值得保护和欣赏的园林，做出公正而恰当的评价。《苏州古典园林》作为一部文献，正是为此目的所作的努力。此书最初由我院建筑系刘敦桢教授（1897—1968）在中国建筑理论与历史研究室同仁辅助下成稿于 1956 年。随后十年中，他们继续考察每一座苏州园林，收集有关材料并不断补充修改。1973 年，以原有平面图、照片和图稿的文献为基础，建筑系历史教研组同仁编成此书。

感谢克里斯托弗·唐纳德（Christopher Tunnard）教授。他的《现代风景中的园林》一书，我认为最具参考价值。

注：

[1] 威廉·申斯通（William Shenstone 1714—1763）英国诗人，业余园艺家和收藏家，力荐风景园艺。　——编注。

[2] 肯特（William Kent　1685—1748）英国画家和建筑家，他设计花园崇尚自由、自然。　——编注。

[3] 西塞罗（Maracus Tullius Cicer 公元前 106—公元前 43）罗马政治家、律师、作家。　——编注。

[4] 托马斯·惠特利（Thomas Whately）英国建筑师。　——编注。

[5] 萨里（Surrey）英国英格兰南部一郡，有两条山岭，分别为白垩陵和绿色砂岩带。　——编注。

[6] 摩尔（Henry Moore 1898—　）英国著名雕刻家，主张把自然形式和节奏原则应用于创作中，曾获英国最高级勋章。　——编注。

[7] 野口勇（Isamu Noguchi 1904—　）美国雕刻家和设计家，早年在日本度过，热衷抽象雕刻，作品带有古代艺术风格和神性感。　——编注。

[8] 安东尼和克莉奥佩特拉（Antony and Cleopatra）为莎士比亚所著以爱情和政治抱负冲突为题材的悲剧。　——编注。

[9] 见前注。　——编注。

[10] 布莱克（William Blak 1757—1827）英国诗人，水彩画家。作品新颖、简练，表达感情率真有力。　——编注。

[11] 罗伯特·福琼（Robert Fortune 1813—1910）苏格兰植物学家、植物收藏家，曾来中国收集植物。　——编注。

[12] 塞缪尔·约翰逊（Samuel Johnson 1709—1784）英国诗人及评论家。谈吐机智，妙语雄辩。　——编注。

[13] 鲍斯韦尔（James Boswell 1740—1795）苏格兰传记作家，生于贵

族家庭。幽默、怪癖,《科西嘉岛纪实》为其成名作,与约翰逊友善。　——编注。

[14] 兰斯洛特·布朗 (Lancelot Brown 1715—1783),英国著名园林设计师,长于自然式设计,不用凿过的石料等人工物,仅用地坪和草地并栽植树木。　——编注。

[15] 伯鲁乃列斯基 (Filippo Brunelleschi 1377—1446),意大利文艺复兴初期建筑师。长于雕塑。作品精细、优美,最大成就是解决佛罗伦萨大教堂建造穹顶的技术,善于以类雕塑手法塑造空间。　——编注。

[16] 埃利·贾基斯·康 (Ely Jacques Kahn 1884—1973) 美国高层建筑设计权威,作者 1920 年代留美期间,曾在其事务所工作。　——编注。

[17] 克拉伦斯·斯坦 (Clarence Stein) 美国建筑规划专家,曾首先采用邻里单位做法。　——编注。

5　东大老图书馆前的石雕与铜像

■ 螭首（chī shou）

　　在老图书馆前院的花坛南面中间有一个石制的龙头，它有着悠久的历史。但这个龙头原来并不在这个地方，而是在文昌桥桥头西面道路的边上，它有一半露在地面上，一半埋在土里。大约在 1978 年，改革开放刚刚开始，很多地方都准备进行重建工作，文昌桥和边上的路也在这时开始了改造和重修，那时刚好是冬天，有一天，我从文昌桥经过，看到那里在修路，修路工人似乎正在讨论着什么问题？我走过去，才知道原来他们碰到了一个大的石龙头，他们觉得难办，因为这么一个大东西放在路边太碍事了，要怎么办呢？他们本来打算要么挖个深坑埋了它，要么就砸坏。我走上前仔细一看，竟然是个文物，我就想可不能这么简单处理它，于是我就向他们说明这是文物并建议搬到我们当时的南京工学院的校园里。那些工人有些犹豫不决，他们觉得，就这么一个玩意，砸了也好，埋了也好，总比给你省事吧？看看他们在那里争论不休，我灵机一动，到路边的小店，买了两包"大前门"香烟，一包给了领班，一包给了另外三四个工人，我说："工人兄弟你们抽抽烟吧，就当做点好事，顺手将龙头放在小板车上，帮我拖到对面的学校里。"当时的东门不在现在的地方，而是正对着文昌桥，我说你拖过去最多 100m，放在里面的草地上就行了。他们抽了烟觉得也不好再拒绝，就抬着龙头，拖到现在中大院东边的草坪上，那时这里还不是草坪，而是堆满了很多准备修建前工院房子的材料，这是第一步，我把石龙头给搬到了学校内。

到了1988年，那时候韦钰当校长，她就把南京工学院更名为东南大学，至此东南大学的名字又重新载入了史册。改名后，学校是旧貌换新颜，需要整修与翻盖的建筑也基本完工了，堆满杂物的场地也需要清理了。学校那时准备把东面的草坪变成两个排球场，其他零碎的基建材料都处理之后，就剩下这个龙头不知该怎么办。当时总务处长钱明权（后来做了副校长），他和我平时有点来往，在清理这块场地的时候看到这个龙头，他就与我商量怎么处理。我简单告诉了他这个故事。他就说："嗨，原来是你搬来的，那这回正好物归原主，你给安放安放。"我说，有个挺好的地方，就是老图书馆前院的现在这个位置，当时花坛是平的，底下还没做花台，后来做了花台后，我就说放在中间做个装饰，原来中间花盆保留着，钱明权认为龙头放在中间花盆就没地方放了，于是就建议把龙头放在南边，这样花盆也保留了，龙头放前面也有装饰性作用（图5-1）。

图 5-1　螭首

这种龙头原来是放在一个房子平台的四个拐角上的，它为什么具有历史价值呢？根据考证，它是明朝初年（14世纪中期）安放在国子监中的。国子监的位置就在现在东南大学的四牌楼校区，当时里面大殿的平台，就像故宫太和殿前面的平台，平台的四个角上都安有龙头，这个就是四个之中的一个，为什么这个龙头会在文昌桥那里，而且只有一个，剩余的三个呢？现在已经很难再去求证这个问题了。从这个龙头的外表来看，保存得还是相当完好的。而这个龙头的体量，也说明这个殿堂当时还是比较大的。

图 5-2　杨廷宝像

图 5-3　钱钟韩像

所谓国子监，相当于今天国家的最高学府，相当于现在的中科院，在里面也可以读书，也就像今天的大学，是一个教学机构，但也可以将它视为研究机构，所以东南大学的校址从明代开始就是最高的文化学府，这个龙头就是见证。

这个龙头的学名叫作螭首，螭（chī）是龙王的九子之一，首就是头，这是它的头，所以叫作螭首，根据历史传说，它有吞吐大量水的能力，它吐出的水犹如瀑布一般，又多又急。所以人们往往将螭首放在大型建筑平台的四个角上，表示吐水，象征镇火，因为古时的房子很容易着火。

有一次，我看到几个男女博士毕业生穿着博士服在那儿照相，两个女同学靠着螭首，男同学就说不要把这个小乌龟遮住了，否则取景就不完整了。我感到遗憾，至少也应该叫作龙头吧，怎么能叫乌龟呢？因为一般非专业人士不太了解这是什么东西，因此我建议在这个螭首边上放个小铜牌，对它进行简单的说明，也算普及常识，不至于闹笑话，从某种程度上讲，这个文物至少可以算作省级文物了，我们东大最有历史价值的就是它了。

■ 两座铜像

老图书馆南边的两座雕像都是铜像，靠东的是杨廷宝的铜像（图5-2），靠西的是钱钟韩的铜像（图5-3）。为什么会立这两座铜像，我们就要追溯到1999年的年初，当时校党委和校务委员会共同开了个会，说东大要振兴，要树立一种象征性的精神。我们知道，东大主要是以工科为主，一类是土建类，一类是机电类，所以就要树立这两大类的标兵形象，当时经过讨论最终决定树立这两座铜像。

杨廷宝先生曾经是我们中国建筑界的泰斗，他生前是中国建筑学会的理事长，也是世界建筑协会的副主席，可以说是中国建筑界的第一人，他当时也是南京工学院的副院长，江苏省副省长，在政治和学术上都有比较高的地位，同时还是中科院的学部委员，即今天的中科院院士，且当过我们建筑系的系主任，在建筑界是有目共睹而且是公认的，最有权威的，所以授予标兵是当之无愧的。

钱钟韩先生在机电类学科中也是首屈一指的，他和钱伟长是一个宗族，钱钟韩先生是机电自动化方面的专家，曾经是南京工学院的院长和一级教授，也是中科院的学部委员，即中科院院士。当时南京工学院只有三个一级教授，钱先生是一位，同时他也曾是江苏省科学技术协会主席。

这两个头像是请现在的南京大学吴为山教授设计制作的，他是义务设计这两座雕塑。捐献出资制作铜像与底座的是南京空军工程部以及栖霞建设集团，当时学校党委和校务委员会定了这个意见，就请我来选址并且设计这个基座，所以这个过程也是我来做参谋，为他们考虑的。雕像的后面有雕像设计者的说明。

当时在选择将铜像放在什么位置上，有很多方案，各种各样的提法，曾经有人提出将这两座雕像放在大礼堂的两边，也有人提出放在现在的前工院的小院子里，也有人说应该放在逸夫科技馆的小院子里，最后我们再三考虑还是决定放在老图书馆前面。如果放在大礼堂两侧，很像两个站岗的卫兵，这样就太不尊敬两位前辈学者，这个方案很快被否决了；另外就是放在前工院里面，但那里太封闭了很少有人看到，也不好；如果放在逸夫科技馆院子里，看到的人更少，终年很少有人见到，这个具有象征性的、鼓舞大家的标兵应该让很多人看到，所以就决定放在老图书馆前。这时又出现了新的问题，是放在两边呢，还是对面呢？如果放在两边和放在大礼堂的两边效果一样，于是决定放在对面，正好对面的空间很宽阔，视野也不错。但是，即便是放在这里，也是既有利又有弊，因为老图书馆建筑物是朝南的，要面对老图书馆，雕像必然是朝北的，所以阳光必然无法照到两座雕塑的脸上。所以后来大家认为与其他位置比起来，这个位置还是比较适合的。这两座雕塑和龙头可以相得益彰。

大家可以特别注意到，这两个基座虽然不大，却都是当作雕刻来设计的，我们用的是最好的建筑材料——红色花岗石材料，这种颜色是纯天然的。花岗石颜色较多，红色是最名贵的，所以我们选择了它，另外就是我们在选择花岗石的设计过程中，花费了很大一番心思，基座虽然只是衬托上面的雕像，但是我们要考虑到和对面的老图书馆保持协调，老图书馆是西方古典式建筑，所以这个基座是完全按照西方古典规范来进行设计的，可以看到上面每个线条和图书馆的风格都协调一致。我们的设计是做到了精益求精。另外用的材料是一整块石头，不像其他建筑那样一片一片拼凑的，所以在转角处是看不出有接缝的，一看就是整体的，只是中间有根钢筋混凝土的柱子，所以当时我们开玩笑说这个雕像不要讲七级地震，就是八级地震也不会动，因为它是整体，可以说这是东大最坚固的雕像。

我们将这两座雕像放在这个位置是经过研究的，是有寓意的，它会激发东大学子向这两位前辈学习，而且代表了东大的特色。

附：

螭　首（铜牌说明）

此石刻龙头名为螭首，原是明代国子监（14 世纪中期）大殿平台四角上的一个，1978 年在文昌桥路旁被发现，后移至东南大学老图书馆前，它是东南大学现存最古老的文物。螭（读音：chī）在传说中是龙王的九子之一，形象如龙，有巨大吞吐水的本领，因此古代常将螭首放在大殿平台四角和四面，以象征避火之意。

Chi Shou（Head of Chi, a Son of Dragon）

This Dragon-like figure is called Chi Shou. This piece of sculpture is a surviving architectural fragment from the Imperial Academy of the Ming Dynasty established in the mid-14th century in Nanjing. It was originally created for one of the four corners of the raised platform base at the main hall of the Imperial Academy and was unearthed in 1978 near Wen Chang Bridge. It has been since relocated to its current location in front of the former Main Library Building of the Southeast University. It remains the most historically significant relic that Southeast University Possesses. Legend says Chi is a son of the Dragon's nine Children. It has the appearance of a dragon with a tremendous capability to swallow fire and spray huge of water. For this reason, it was believed that its spirit would keep the fire conflagration away. Therefore its figure had been widely used as a decoration in the traditional palatial buildings at the corners and four sides of a raised platform.

6 《现代建筑理论》背后的故事

■ 《现代建筑理论》简介

由刘先觉主编的《现代建筑理论》这本书是教育部推荐的研究生教学用书，是建筑学科研究生的第一本全国通用教材，也是我们东大的第一本研究生通用教材，所以说这本书有很多"第一"在里头。这本书总共有 130 万字，800 余幅图，一共有 20 章，658 页，应该说在建筑学科是一本非常有分量的建筑专著。1999 年上半年，国务院学位委员会看了这本书的样稿，大家一致推荐作为研究生教科书，后来送到教育部研究生工作办公室，批准并且推荐作为全国建筑学科研究生教学用书，封面上有标注。另外这本书还是全国第一批教育部推荐的十本全国研究生教材中的一本，在 2002 年被教育部评为中国高校科技进步二等奖（图 6-1）。

■ 成书契机

这本书是怎么形成的？说来话长，应该从 1981 年说起，当时是我们国家改革开放对外交流比较初期的一个阶段，在这个阶段我被派到美国耶鲁大学（Yale University）做访问学者，那时我还是

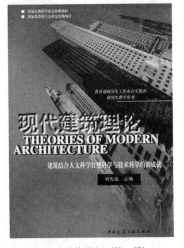

图 6-1 《现代建筑理论》（第一版）

副教授，到美国耶鲁大学跟一位比较知名的教授学习，他叫文森特·斯卡利（Vincent Scully），是耶鲁大学艺术史系的一位非常著名的教授，那时他大概60多岁，比我大十岁，斯卡利教授是美国建筑史和建筑理论界的泰斗级人物，有很多美国建筑史家或建筑理论家写的书都是由他写的序，比如罗伯特·文丘里（Robert Venturi），他的书都是斯卡利写的序，所以当时我作为访问学者能够跟他学习是一件非常荣幸的事情。

斯卡利教授为研究生开了一门课，名字就叫作现代建筑理论（Theories of Modern Architecture）。这门课是一门研究生公共课，不只是对建筑学院的，而是对全校开放的，全校的研究生都可以选这门课，美国将建筑理论课当作大众的、普及的课程，这是值得我们中国学习的，就是说学科不要分的太死。在美国还有这样一个特点：要求大学生至少在总学分中，工科的学生不得少于四分之一的文科选课，文科的学生不得少于四分之一的理工科选课，不同背景的学生要有兼容性。斯卡利教授上课不是在教室而是在大礼堂，我初次去听课的时候，礼堂里将近上千人。因为人多，就用麦克风和幻灯片上课。

听这门课之前，我曾有一种想法，认为国内也编写过和讲授过很多所谓的建筑原理课，比如居住建筑设计原理，公共建筑设计原理，医院、电影院、中小学和幼儿园建筑设计原理，这个理论和原理课又有多少区别呢？是不是在国内叫作原理课（principle）在那里叫作理论课（theory），带着这个疑问我听了他的课。听完了第一堂课后我才恍然大悟。第一堂课，他就首先向研究生讲清楚了原理和理论的区别，他用了很形象的话来解释，给我印象很深，虽然已经过去了30年，但是我仍记忆犹新。他说原理是回答问题的what，事物"是什么"，比如一个中小学的设计原理就是说中小学的设计中间你要考虑的主要是教室，要考虑一些特殊的工作室，像做手工的、实验的、运动的场地，还有教师的办公室等等，另外要考虑这些建筑的空间如何组合成立体的建筑，形象怎么反应这一功能的特色，如何使得使用功能和建筑形式取得一致，这就是中小学建筑的设计原理，如果你能很好地吸收这些原理，你在做设计的时候就能灵活自如，不会犯错误。那什么叫作建筑理论呢，他说理论回答的问题是"why"和"how"，就是说为什么要这么做？如何做？所以说理论的问题是解决哲学思想的问题，解决的是为什么要这样做，还有就是说通过什么手段来解决。也就是说，理论研究主要是思想、思潮是怎么出现的，为什么出现，如何评价，如何对待，还有就是说如何去实现。

我们讲很多设计有了一个方案要如何去实现，最通常用的是计算机辅助设计，这就是方法问题，我们过去讲方法都是传统的、习惯的、根据前人的方法进行不断改进。比如说我们过去用丁字尺画图，慢慢就发现丁字尺画图比较麻烦，后来就变成一字尺画图，两边用图钉，用一个绳子可以拉上拉下，这就是方法。还有我们过去画图是一种形象思维，比如设计一个房子，一开始就是平面、立面图，逐步逐步地才是图解思维。设计一个小住宅、小学校、小房子等等，用形象思维就能设计好。如果是比较复杂的建筑，比如电影院、剧院，特别是国家大剧院，里面可能有许多个厅，或者有许多个房间，可能有十几万平方米，这一下子就没办法布置，或者一个大型医院，300床，500床的，这些就无从下手，所以就用图解的方法，先要分析开来，然后一步步地，最后拼成平面布置，才能将其做成外形。又比如西班牙的毕尔巴鄂博物馆，形状变化很复杂，一下子画不出来。所以有人惊叹，越是现代化的建筑，就越来越不像建筑，不像传统的形象了，画也画不出来，这就要用 CAD 的方法才能画出来，否则别人就没法施工建造。所以越来越强调制作手段和程序及其实现的科学性，这些都是牵涉到 how 的问题，即如何将其做出来。

现代建筑理论就是解决建筑的哲学思想和建筑设计方法论，实际上是解决 why 和 how 的问题。在上过他的第一次课后，使我对这个问题开始有了认识，不是将理论和原理等同起来，换个新词而已，它的确在本质和内容上是不同的。我们国内在过去对这方面了解不够，将其混为一谈了。后来在上了他的课之后，我慢慢地了解到他所谓的建筑思想和建筑哲学包括哪些内容。比如说建筑美学、现象学、建筑思潮都是思想和哲学的范畴，还有各种主义，如文脉主义、隐喻主义、形态学等等都是牵涉到哲学范畴的研究，都是属于建筑的哲学理论范畴。另外就是我们讲科学的设计方法论，包括模式语言理论，现代建筑的图式思维理论，还有就是行为建筑学的理论，生态建筑学的理论，很多都是既属于哲学思想范畴，也属于方法论范畴。因此我就决心回来以后一定要在国内引进"现代建筑理论"这门学科，并根据他讲的这个概念开始深入研究，逐步建立这本书的系统。

■ 撰书历程

1982年底回国后我就开始建立这门课程的框架，将建筑哲学思想和设计方法论这两部分理了一下，大约有20个专题，我自己研究一些课题，也让我的博士生、硕士生研究这方面的课题，开始做一些系统的资料积累。从1983年开始，我就在系里开设了"现代建筑理论"这门研究生课，一方面开课，一方面继续积累这方面的资料，后来在1990年左右，我就向"国家自然科学基金"申报了现代建筑理论课题并被批准，做了3年这方面研究和工作的积累，后来因为时间很快，做的工作很有限，接着申请了博士学科点基金，是设计方法论的课题，也被批准，在这两个项目基础上，大部分的资料已经积累完成。到1997年左右，这本书总算基本成型，就是20个专题，当然这20章不完全是我们写的，有少数专题我们知道已经有人在研究，就请他们根据我们的要求将相关专题写5～7万字左右，包括图，送过来。比如说，有一章是"模式语言"的建筑理论，这是美国加州大学伯克利分校的一个教授的设计方法论，清华已有人专门在做这方面的研究，所以我就请清华有关人员组织了编写。另外，我知道东南大学过去有一个法国的博士校友，他研究的是建筑形态学，那这部分就请他写，他将博士论文浓缩成5～6万字，就成了书中"建筑形态学"这一章。

我们日常理解的建筑思潮和主要的哲学理论以及一般的设计方法论的方方面面，这本书基本上都涵盖了，这是1999年完成的第一本蓝皮书。但是过了将近十年，1999—2008年，我觉得很多内容已经老化了，就重新改版，这就是第二版。第二版最明显的就是牵涉到电脑的问题，因为电脑绘图技术发展的很快，所以我们在这方面改动比较大，原来第一版讲的是CAD设计，第二版就改为数字化设计方法理论，在第二版中，我们换了三章新

图6-2 《现代建筑理论》（第二版）

图6-3 《生态建筑学》

的内容（图6-2）。

实际上做一本这样的书不是说一两年就能完成的，如果说从1981年开始了解到并下决心做，再到1999年出书差不多经过了18年的时间，也就是说你要出一本有影响的好书，出一本别人没出过的专著，十年磨一剑，的确不为过。你不能急功近利，想三四年出版一本有影响的书是不可能的。18年的时间才磨了这么一把剑。到2008年，才重新更新了这本书，出了第二版。

■ 成书后的感慨

经常有许多新的事情，不要认为我们自己都知道，实际上我们很多不知道，也只有在这种模模糊糊的基础上把它弄清楚的过程中间，才有可能起到这样一个作用——创新或者对某一个学科的突破。现代建筑理论学科，我们在国内从引进到创立，还需要在此基础上继续创新、发展、更新。我们除了编写《现代建筑理论》这一专著以外，还出版了一批翻译的专著，其中包括《建筑美学》、《现代建筑》、《世界室内设计史》、《城市建筑学》、《城市与人》、《世界新建筑撷英》、《摩福西斯建筑作品集》、《卡拉特拉瓦建筑作品集》等。然后我们还继续在"现代建筑理论"的基础上进一步做"生态建筑学"的研究。实际上，"现代建筑理论"做到一定程度后，就要向纵深发展，也就是说，从中间一个专题继续延伸出来。"现代建筑理论"从无到有，从小到大，从点到面，然后从面到很大的一个分支，一步步拓展。所以讲"生态建筑学"是"现代建筑理论"的拓展。

《生态建筑学》这一专著是2009年刚刚出版的，这本书150万字，800页，由东南大学主编，中国建筑工业出版社出版，也是经过了十年的集体研究才得出的科研成果。我们是一步一步地，扎扎实实，耐得住寂寞，有步骤、有计划地进行研究，才能出成果。2011年12月该书已被国家新闻出版总署评为第三届"三个一百"原创出版工程图书（图6-3）。

7 对外国建筑史教学的体会

从 1953 年下半年开始，我到清华大学做研究生，一方面是接受梁思成先生的中建史教育，同时梁先生还要求我要协助当时的外国建筑史教师胡允敬先生辅导学生进行外国建筑史的教学。这是我初次接触到外建史的教学任务，胡先生基本上是按照弗莱彻的《比较建筑史》的内容进行教学的。后来由于苏联出了两本大部头的建筑史专著：《建筑通史》与《城市建设史》，主要是按社会形态来解释的，不以风格形式为主线，所以一时间就要学习这种教学内容与方法，而且苏联著作对群体与城市关系分析较多，不像弗莱彻的建筑史都是以单体作为分析对象，所以逐步在教学中要加上一些俄文书的内容。课外作业描图还是不能少的。到了第二年，在积累了一定的教学经验后，我也带学生进行了几次教学实践。

1956 年我在清华研究生毕业后，又分回到南京工学院，刘敦桢先生就把外国建筑史的教学任务直接交给了我，从此我就和外国建筑史结下了不解之缘。那时期个人的工作都是由组织上来安排的，不太考虑个人的兴趣。有句常用的口头禅就是"党指向哪里，我就打到哪里。"那时一回到南工，大概只有一个月的备课就匆忙上阵，担起了"外国建筑史"这门课的全部教学任务，虽然很吃力，但是挑着担子可以走得快一些。当时教学基本还是遵循传统的教学方式，板书加幻灯片，只是到了 20 世纪 70 年代后期，幻灯片才逐步改进为 135 的小幻灯片。

在长期的外建史教学过程中，备课还是以弗莱彻的《比较建筑史》为主，苏联的《建筑通史》和《城市建设史》为辅。为了增加一些现代的内容，我就找到吉迪恩著的《空间、时间与建筑》作为主要参考书。读完书后写了大量的读书笔记。当时感到问题比较大的是插图问题，因为下了课，学生很难再找到这些图复习。所以我就和同济的罗小未老师商量合编了《外国古代建筑史图集》，在同济出版，20 世纪 60 年代就广泛应用了。那时清华的陈志华先生也于 1962 年在建工出版社出版了《外国古代建筑史——19 世纪末叶以前》，作为教学用书，插图相对比较少，而且由于它的分量太重，作为教材比较困难，所以一般各校都另外编有自己的油印讲义。

到了 20 世纪 70 年代末，建设部要求要统编中国与外国建筑史的教材。外建史教材指定由同济、南工、清华、天大四校的教师合编，当时在同济大学开了一个会，商讨此事。会上陈志华先生提出他已有了外国古代建筑史的书，比较系统，只要精简修改就可以了，没有必要重编，因此大家也就不再争论了，否则硬是重编，不但意见很难统一，而且时间也可能会拖得很长。接着大家就一致趋向由同济罗小未老师为主编来新编一本《外国近现代建筑史》，这也是当时比较迫切需要的教材，由同济的罗小未、南工的我、清华的吴焕加、天大的沈玉麟四人分工负责。新教材在 1982 年问世，取得了较好的效果。过了二十年后，由于建筑的发展变化巨大，后来又进行了一次修订，出了第二版，那是 2005 年的事。两本教材与图集在当时的教学中都起到了重要的作用，但是由于各校普遍感到教材还是分量太重，复习还是有一定困难，于是中国建筑工业出版社又委托我编一本"简史"以适应学生的需要，在这种情况下，我就应邀编了一本《外国建筑简史》在 2010 年由中国建筑工业出版社出版。这本书的特点是：1. 简明扼要，学生容易掌握；2. 古今的比例均衡；3. 东西方的文化有适当的比例；4. 重点突出，典型实例明确；5. 点面结合，各方面均有涉及。所以还比较受学生们的欢迎。

再回溯到 2003 年，我曾应邀参加同济的博士生答辩会，在上海遇见了罗小未先生，我和她说起，近来中建史学术活动比较频繁，有年会、民居研讨会、东方建筑研讨会、中国近代建筑研讨会等等，而外建史则没有什么活动，希望她也能带头组织。她回答说，她现在年纪大了，身体也不好，而且已经退休，同时清华二位先生也已退休，倒是希望我在退休之前能组织一次全国性的外建史研讨会，开个头，以后每两年举办一次。我觉得这也是时代的责任吧！回到南京，我就和我的弟子们商量，并向学院请示，王建国院长很干脆的答应，不仅支持开会，而且说要开就开国际会议，这是世界建筑史嘛，要有一点影响，经费问题学院支持。就在这种形势下，我们筹备了2005年第一届"世界建筑史国际研讨会"，就在东南大学召开了，来宾很踊跃，除了国内多所高校代表之外，还邀请了美国、英国、澳大利亚、新加坡、日本、韩国、港、台各地的专家教授，阵容相当庞大，花费有限的经费的确是值得的。在会上确定了第二届在上海同济大学召开，第三届在北京清华大学召开，基本上是每两年一次，轮流主持，这一体制深得各校认可，这样也不致使某个学校负担过重。为了学术交流，我在2007年第二次同济大学的学术交流会上，发表了论文《外国建筑史教学之道》，把为什么教、怎样教、教什么，以及如何深入进行研究，进行了系统的分析。后来又在2009年清华大学的第三届会议上写了一篇《再论外国建筑史教学之道》。在《再论》中又对教学与研究的关系、东西方建筑遗产兼顾、古今比例适当，讲清基本概念，补充城市建设史与园林史的内容，以及开辟建筑理论的研究等又作了进一步的阐述。2011年第四届研讨会在天津大学举行。第五届的研讨会已定于2013年11月在重庆大学召开，想必也会有新的贡献。

关于我写的这两篇文章，对于学生和新教外建史的教师来说可能会有一点参考作用，现附录于下。

附一：

外国建筑史教学之道——跨文化教学与研究的思考

建筑史作为建筑学的一门基础学科，自20世纪20年代开始已陆续在我国各高校建筑系设立，它为建筑系学生提高修养、丰富建筑知识、激发建筑创作构思、了解建筑技术都起到了积极的作用，并且为培养一代又一代的新型建筑师、学者、管理人员奠定了建筑思想、审美情趣、建造方法的理论基础。今天，在新时代的形势下，建筑史，尤其是外国建筑史又应该承担什么样的使命呢？这不仅是建筑史教师和研究工作者应该思考的问题，更是整个建筑学科值得认真对待的问题。由于某些认识方面的片面性，有的学校已把建筑史放在可有可无的位置，教学时数一减再减，建筑史教师也无心研究，而只是处于被动完成任务的局面，致使建筑史教学的效果受到了极大的影响。相比之下，西方和日本一些著名高校的建筑学院（系）则在建筑史的教学与研究方面成果丰硕，通史与专史齐备，必修与选修兼顾，使学生的眼界可以大开，兴趣可以得到充分发挥。有鉴于此，笔者拟再赘述一些过去在外国建筑史教学过程中的体会，供有关方面参考。

一、为什么要学外国建筑史——Why？

这是许多学生经常会提到的问题。不回答这个问题，就会使学生失去学习的目的与兴趣。因为在工科之中只有建筑学专业比较突出建筑史的教学，其他学科则没有放在重要的位置上。

由于建筑学科既有工科的性质，又兼有文化艺术的要求，这就不能不对建筑学科给予建筑历史的教育。其主要目的是为了扩大知识面，提高文化素养，了解建筑发展规律，学习优秀的设计手法，培养审美能力，辨别建筑理论的源流，这既可以为建立正确的建筑观而发挥作用，又能直接为建筑设计做参考。

学习外国建筑史就像是学习基本词汇一样，只有掌握了足够的词汇，才能使作文丰富多彩，不致处于文字干瘪的境界。因此既要学中国建筑史，也要学外国建筑史，使我们的知识面更加全面和丰富。作文是要讲究文采的，建筑艺术同样也注重它的品质与韵味，设计高雅的建筑艺术就需要有深厚的建筑文化素养作基础，这种文化素养只能从建筑文化遗产的美学品位中获得，只能在不断审美的积淀中提取。

建筑历史是一个不断发展变化的过程，各个不同的历史时期都会有不同的建筑形态，这种形态是社会的反映，是物质技术的表现，只有把建筑形态与社会形态联系起来认识，才能真正理解建筑的发展规律与特点，才能正确对待各种历史时期建筑文化遗产的价值。学习建筑史不仅是一个知识与审美的教育，同时也是一次理论的教育，它可以使人们知道建筑思想理论的源泉及其影响，可以了解各种建筑思潮的来龙去脉及其在建筑设计过程中所发挥的作用。

二、外国建筑史教学应该包括些什么内容——What？

外国建筑史内容繁多，由于学时与篇幅有限，往往容易挂一漏万。尽管我们要在有限的时间内重点阐述，但是为了阐明外建史的框架与系统，仍然需要注意在内容上涵盖相应的时间范围、空间范围，还应该注意它的系统性与典型性，同时也应该注意结合设计经验进行分析，只有这样，才能使外国建筑史表现出其真实的面目，才能对专业读者有益。

历史是一面镜子，外国建筑史这面镜子既要回顾过去，也更应该审视现代的潮流与实践，因此，外建史教学中的古今比例应该均衡，基本要做到各占半壁江山为宜。在空间范围上，由于文化发展的不平衡，毋庸讳言是要以西方为重点的，但是东方一些国家的成就与经验特点也应给予足够的评析。这样才不至于把外国建筑史仅仅看成是西方一统天下。因此，我们既要讲希腊、罗马、哥特、欧洲文艺复兴，也应该阐明埃及、两河流域、印度、阿拉伯民族的建筑贡献。

研究建筑史可以有多种方法，可以是断代史，可以是分类史，也可以是国别史，但是通常还是以断代史容易为读者所理解，当然在断代史的前提下，再辅以分类解析也是一种常用的有效方法。

讲历史，难免会平铺直叙，容易产生单调枯燥的感觉，这就需要在内容中突出特点，强调若干重要实例，使读者能够通过具体形象对历史产生深刻的印记。典型实例的评析，不仅可以给读者以深刻的印象，而且还可以供专业工作者在设计实践中做参考，将某些成功的经验进行因地制宜的转化，往往能够具有重要的参考价值。因此，选择典型实例进行剖析是非常重要的。

　　例如西方古典的圣地雅典卫城建筑群就应该给予特别的关注，它不仅是建筑艺术的典范，而且更是雕刻艺术无与伦比的杰作，也是建筑群规划设计的样板，它的巧妙构思甚至还影响到了现代著名建筑师迈耶设计美国洛杉矶的盖蒂文化艺术中心布局。世界著名建筑大师密斯·凡·德罗在他74岁高龄之际还专门去访问过雅典卫城这处建筑圣地，为了虔诚，他这次特意起得很早，回来得也很晚，在卫城足足鉴赏了一整天，并且回来后还在默默地沉思，想着哪些是古典的精髓，想着他的作品如何能体现新古典的精神，这就是一位世界级的大师对待西方古典建筑的态度。西方古典遗产对于我们今天绝不是无用或者过时，问题是要看我们去如何认识和对待。

三、外国建筑史教学如何才能取得较好的效果——How？

　　外国建筑史教学要取得较好的效果，当然主要是内容起决定作用，但是方法与技巧也是不可忽视的一环。要取得好的效果，应该在方法上联系设计应用，进行中西对比，组织就地考察，选择典型实例剖析，布置绘图作业，安排问题思考与选择提问，这样可以使学生注意外建史中的重点与特点，可以增加学生对外建史的兴趣与深刻印象。

　　第一是要联系设计手法，进行中西对比评述，这样容易使学生提高兴趣，他们会觉得不仅增加知识，还可以对设计有参考作用，有些过去的设计手法，在总结其成功经验之后，进行灵活的变化应用，同样可以达到事半功倍的效果，他山之石可以攻玉，早已是尽人皆知的道理了，我们为什么不乐于采用呢？例如在文艺复兴时期广泛应用的梯形广场，帕拉迪奥母题的构图原则，古典柱式的收分卷杀方法都能对现代设计有所启示。如果我们仔细观察的话，就可以看到，天安门广场上的英雄纪念碑的碑身就是有微微收分和卷杀的处理。

第二是就地考察，在上海、南京、北京、天津、广州、武汉等地都有许多西方古典建筑和现代建筑实例，如果我们能够组织学生就地考察这些建筑，更可以增加学生的感性认识和深刻的记忆。因此在可能条件下予以安排，也可以取得很好的效果。

典型实例剖析与绘图作业的安排，也是加强学生了解建筑史的有效方法，如果一个学生能详细了解帕提农神庙，实际上等于他已经基本上掌握了希腊古典建筑的精神，一般特点就是存在于典型实例之中的，只有认真掌握典型实例的要点，才有可能掌握建筑史的真谛。绘图作业实际上是一个加深印象的过程，不论是实例摹绘、柱式制图、实物测绘，还是历史建筑的复原设计，都是加强对建筑历史教育的一种强化训练，更是一种建筑基本功的训练，可以让学生在今后的设计中有很多启示。例如杨廷宝先生就曾经说过："我在学生时代的基本训练对我后来的设计有很多帮助。"但凡每一位成功的大师，他们在青年时代的基本训练都是非常严格的。例如毕加索、柯布西耶等人莫不如此。除此之外，经常给学生提些问题给他们思考也非常有助于他们对理论联系实际、史论结合的兴趣。

四、如何深入外国建筑史的研究——Research

作为一个建筑史的专业工作者来说，要深入外国建筑史的研究当然有许多工作要做，姑且暂时不论。这里只想谈谈作为一般外建史的教师和对建筑史感兴趣的人来说，如何进一步研究才能取得成效呢？实际经验告诉我们，要深入外建史的研究，必须要多阅读西方经典原著，例如弗莱彻的《比较建筑史》(*A History of Architecture*)；吉迪恩 (S. Giedion) 著的《空间，时间和建筑》(*Space, Time and Architecture*)；Charles Jencks 著的 *Architecture Today*；约翰·佩尔著的《世界室内设计史》(译著)；塔夫里与达尔科著的《现代建筑》(译著)；本奈沃洛著的《西方现代建筑史》(译著) 等都应该予以阅读。除此之外，还应关心最新书刊的动态，才能使我们的知识保持着时代的信息，否则只是看教科书是很不够的。如果我们是外建史教师，知识就像水源，当你给学生一杯水的时候，你自己至少要有一瓶水，这一瓶水就是从这些书刊中获得的。当学生还需要水的时候，我们就可以再给他一点。

在有条件的情况下，最好还能到国外进行实地考察。古人云，"百闻不如一见"，你看了实物，你就会觉得亲临其境是如何的其乐无穷。当然并不是实地考察就可以代替读书，但是"读万卷书，行万里路"的格言却是相辅相成的，只有两者相辅相成，才能把历史读活，才能融历史与设计为一体，才能使历史与理论结合。

要深入研究外国建筑史，最好的办法就是选择适当的专题进行系列的研究，例如大师系列、地域系列、形式系列、专史系列、类型系列、建筑文化系列等，都是值得探讨的有效途径。历史研究是时间的积累过程，只有持之以恒才能取得有效的成果，这也是我们建筑史工作者的共同愿望。

附二：

再论外国建筑史教学之道——教研结合，史论并重，开拓外建史教学新视野

一、建筑史的教学应研究先行

作为建筑史的教学，不论中国建筑史还是外国建筑史，研究都应该在教学之前。建筑史的教师只有对教学内容进行研究才能说明为什么要教这一部分内容和如何才能教好这一部分内容。外国古代部分是这样，近现代建筑史也应该是这样。教师应该读更多的原著或进行实地调研，并进行有关的研究，这样才能使建筑史教学取得较好的效果。例如雅典卫城的帕提侬神庙，谁都知道它是希腊古典时期的代表性作品，也知道它的正立面的艺术特征，但往往会忽视帕提侬神庙不仅是建筑史的里程碑，也是艺术史的范例。整个卫城的布局还是城市设计的杰作。可能这些问题并不一定都在课堂上详细讲解，但作为一位外建的教师是应该心中有数的。甚至一些希腊神话故事也应该有所了解，因为这些内容也都与了解帕提农神庙和雅典卫城有关。又例如密斯曾设计过一幢著名的范斯沃斯住宅（Farnsworth

House)，它是密斯"极少主义"建筑的代表作之一，简洁的形体，水晶般的质感，几乎就像是一座天上仙阁，纯净得无以复加，在建筑界也曾一度被奉为经典。然而，就是这一座经典建筑却引起过不小的波澜，起初是业主和设计人的纷争，一直闹到了法院公堂，然后又是业主变换，成了好看不好用的摆设。我们只有知道了这里面的缘由，才能真正了解密斯设计的作品的艺术价值及其存在的问题，才能对一座经典的作品有全面正确的评价。否则只是盲目抄袭必然会带来不良的后果。其实，问题就出在经济问题和实用问题上。由于过分追求精美，材料和制作的费用大大超过了预算，几乎比原设计多了一倍；由于过分强调纯净，建筑上不让安装纱门纱窗，连室内的家具也不能随意移动和更换，生活在里面的人也都成了装饰，这就是纯净精美要换来的代价。今天我们对于这样一座现代典型作品应该如何正确评价呢？如果不了解这些就妄图评论，甚至一味颂扬，是不是太盲目了呢？因此，作为一名教师，他一定要对历史上的许多重要事物预先进行研究，然后才能给学生正确的指引。

二、世界建筑史教学应重视东西方兼顾

世界建筑史的研究源自西方世界，因此内容自然也偏向西方。虽然我们不否认古代的西方世界从古希腊、古罗马、欧洲的中世纪和文艺复兴时代，甚至近现代的欧美国家的确在历史上创造了许多伟大的成就，但是如果就把这些成就看成是人类全部的成果，那就太片面了，这不仅是曲解了历史，而且也会损害东方民族的文化尊严。其实，除了中国之外，古代埃及、西亚地区、印度、日本等地区在古代和近现代都曾在建筑史上有过光辉的业绩，我们在教学中却交代得太少，甚至是忽略了。尤其是我们的近邻日本，在当代已发展成举世瞩目的国家，不论是古代的建筑，或是现代建筑的创作都在世界范围具有很高的地位。但是我们过去在外建史教学中就很少讲到日本的古建筑和园林，认为他们都学自中国，只不过是模仿而已。其实，日本在学习中国文化之后都已有了许多改进和创新，日本古建筑不仅在高台木构和屋顶挑檐的技术方面成就突出，而且在古典园林艺术方面也可以说是青出于蓝，具有

很鲜明的特色和成就。例如京都的桂离宫，原名桂山庄，始建于 1615 年（明万历四十三年），由智仁亲王创建，1649 年完成。此后，1662 年全园占地面积已达 69000m²，是池泉式园林与茶庭相结合布局的典型实例，也是日本古典园林的第一名园。在这座园林里，内容丰富，主次分明，空间开阔，曲径通幽，景观秀丽，色彩淡雅，水面汪洋，池岛相依，洄游与舟游均相当得体。1883 年桂山庄成为皇室的行宫，并改称"桂离宫"，归当时的宫内省管辖。目前该古典园林已列为世界文化遗产，这些理念与手法同样可以启发我国在古典园林保护与利用中的参考。因此有些内容不仅应该在建筑史中给予必要的介绍，而且也应该给予一定的历史地位。

三、世界建筑史的教学要考虑古今比例适当，讲清基本概念

在讲授世界建筑史时，古今的适当比例还是应该把握的。不能完全按教师的兴趣或知识范围决定。这既要根据教学计划的学时数，也要考虑各部分的适当比重。既不能厚古薄今，也不能把建筑史讲成现代建筑思潮和手法的注解。有些外国建筑史中的基本概念都有必要给予澄清，不能等闲视之。例如，我们就发现有一些学生将"古典建筑"与"古代建筑"的概念混为一谈，把古代建筑都说成是古典建筑，这实在是一种误读。我们知道这二者之间的概念是完全不同的。"古代"是时间的概念，从原始社会开始，包括古代的埃及、西亚、古希腊、古罗马、古代印度的建筑都可以称作是古代建筑。而"古典"则是一个学术名词，是特指西方某些时段和地区的典范式建筑，它从公元前 5 世纪的希腊古典文化开始，开创了古典柱式作为立面构图的范例，然后经过古代罗马时期的发展与完善，形成了《建筑十书》的古典建筑范本。在欧洲中世纪时，西方古典文化遭到了破坏，人本主义湮没了，神权思想占据了上风，作为神权思想象征的哥特建筑成了中世纪建筑的标志，到了 14 世纪末 15 世纪初，欧洲掀起了文艺复兴运动，人文主义思想重新抬头，因此，以希腊、罗马古典建筑柱式为立面构图的思潮又风靡一时，这不仅是古典文化的复兴，也是资本主义萌芽时期人性解放的反映。我们不能把古埃及建筑称作古典建筑，更不能把哥特建筑说成是古典建筑。由于世界范围广阔，古

代和中世纪的时间跨度也很漫长，讲清一个轮廓，再重点总结一些各地区和时段的特点与成就，分析一些可资借鉴的经验和手法，有必要给予一定的教学工作量。近现代时期虽然相对于古代是比较短暂的，但其变化之快，信息量之大是史无前例的，对于我们的参考价值也特别大，给予一定的时间安排也很重要，尤其是20世纪上半叶现代主义建筑形成期的思想与代表作更是有必要给予重点关注，因为这些大师基本上都是已经过了历史的考验，值得我们借鉴。对于当代变化多端的建筑思潮与诸多学派，我们也应本着生态的标准，人本的思想，科学的精神，社会的价值来认真分析对待，既不应该盲目崇拜，也不应一概排斥，然后做到取其精华，弃其糟粕，这样可能是比较恰当的。

四、世界建筑史教学中也应该适当补充城市建设史与园林史的内容

在我们过去的世界建筑史教学内容中，城市建设与园林的内容相对较少，甚至会由于学时安排的限制而忽略不讲。整个建筑史只是介绍单体建筑的历史，这对于了解整个建筑发展的过程来说是有一定局限的。如果能补充一些城市建设和造园艺术的内容，这样既可以丰富外建史的内容，也可以使读者了解到广义建筑学的含义。在中国建筑史的教学中，城市和园林部分是有相当分量的，长安、南京、北京这些城市都会在教学中给予足够的关注。至于园林，对于那些皇家古典园林如颐和园、避暑山庄、私家园林如苏州的拙政园、留园、网师园、无锡的寄畅园都会作必要的评介。而在外建史的教学中，可能是由于受到原来西方建筑史学家著作的影响，城市和园林的部分相对就少多了，几乎等于没有。例如著名的弗莱彻的建筑史就是典型的著作。我们不应该局限于过去外国人的惯例，把这一部分内容适当补充进来是完全应该的，也是可能的。在古罗马时期，城市就已有多种类型：政治性城市、商业性城市、休养性城市、军事性城市等，它们的布局也各有特色。到了文艺复兴时期，意大利曾出现过许多理想城市的雏形。特别是文艺复兴时期，在意大利和法国，城市广场得到很大的发展，广场建筑群的艺术取得了空前的成就，这是对单体建筑成就的一次升

华，作为建筑师来说，这方面的知识是不能不知道的，而且对于今天城市的整体思想尤为重要，值得借鉴。至于国外的园林，尤其是西方古典园林，很有必要做一些评介，从而与中国古典园林作比较。意大利罗马郊区的提伏利有一座埃斯特庄园（Villa d'Este）是 1550 年建造的一处古典式台地园，也是西方古典园林最典型的作品。全园布局成几何形，由南向北逐渐呈台阶状升高。园林植物多为常绿树，水池喷泉均成规则的几何形，园林建筑也都是对称的古典形体，给人的印象是严谨、整洁、开阔、华丽，加上那处水风琴（已坏）和一长条的喷泉以及大大小小的雕像，更增加了贵族园林的高贵格调。另外，我们再考察一下美国费城郊区的长木花园（Long Wood Garden），这是一座现代式的新型花园，它原为美国化学大王杜邦的私人花园，后来捐献给了国家，现在对公众开放。因此，花园部分可以做到设计细致入微，处处入画，而且各个景区都有明显的不同特色，使人游览其中，颇有流连忘返之意。它的艺术效果，设计手法，不仅对现代园林设计有参考价值，而且对城市设计也具有借鉴意义。在建筑史教学中适当评析这部分内容，可以使建筑史教学更全面生动。

五、建筑理论学科的开辟是大势所趋

以史带论，论从史出，这同样是建筑史教学的客观要求，然而，由于建筑理论已逐步发展与完善，因此有必要开拓为新的领域，专门进行建筑理论的教学与研究。其实，建筑理论就是阐明建筑史中许多问题或现象的为什么（Why）以及如何做的问题（How）。目前，许多高校已在研究生课程中开设了《现代建筑理论》课程，主要包括建筑哲学与设计方法论两大范畴。由于这是一个新学科，而且随着社会的发展也在不断变化，新理论仍在层出不穷，这需要我们抓住主要脉络，理清主次，搞清当前那些流行理论的来龙去脉，明辨其特点和可资借鉴的成分，正是这门学科的主要任务。近几十年来，许多建筑工作者都深感建筑理论对建筑创作的重要性，因为它能形成一种思潮和某些流行的手法，直接影响到建筑创作的方向。因此，只有认真学习和分析这些新的建筑理论才能使国外先进的建筑经验和科学方法为我国现代化服

务，提高现有水平，这无疑是有着积极意义的。当然，要求每个建筑师和建筑工作者都能弄清当代这些复杂的建筑理论确实很不现实，也没有必要。不过，作为一名有修养的建筑师和建筑学者，如能及时掌握当代建筑理论的发展动态，明察当代各种建筑理论中可资借鉴的成分还是很有益的。可能有些人会认为只要有一套设计手法，不问建筑理论照样设计房子。其实，手法和理论是不矛盾的，所谓手法本身已是某种理论的外显现象，是一种有规律的法则，应用某些手法已反映了是在不自觉地应用某种理论。如果我们能把不自觉地应用某种理论变成自觉的行动，变成一种既有思想又有文化意义的创作过程，这岂不是更好吗？同时，如果建筑师能有较丰富的理论知识，必然能更有利于选择创作的手法和提高创作的水平。因此，进一步开拓建筑理论学科的教学与研究已是大势所趋。

六、建筑史学研究正在向何方去？

在我从事建筑史教学与科研的六十年中，曾经历过兴奋的年月，也有过沮丧的环境。回想起来，也颇耐人寻味。这段漫长的岁月大致可以分为三个阶段。第一阶段为20世纪50年代到70年代；第二阶段为70年代末到20世纪末；第三阶段为2000年以后。

第一阶段是一个过渡时期，20世纪50年代时，一切活动都刚起步，建筑史研究在建设部建筑科学研究院的组织下，到1950年代中期曾掀起"三史"（古代建筑史、近代建筑史、现代建筑史）的全国普查工作，接着是全国集中编写《中国古代建筑史》，由刘敦桢负责主编，并且同时在全国开展古建、民居、园林的重点调查。到1960年左右，由于在全国开展了反浪费与设计革命的运动，加上学校里也在开展教育革命，于是"三史"调查工作便偃旗息鼓了。原来在刘敦桢先生主持下研究的《苏州古典园林》虽已接近定稿阶段，也因运动的影响而不得不束之高阁。许多民居与古建的调查工作也都半途而废。在学校里，虽然也有少量教材的出版，但建筑史也成了批判封、资、修的对象，教学时数一减再减，一些建筑史的研究工作也都相应停止。这种局面一直持续到1978年。

第二阶段是从1979年到20世纪末，这是改革开放后的复兴时期，一切事物都重新开始。在研究方面，国内比较突出的是《苏州古典园林》的重新组织、审校与修订，并制订了出版计划，在1979年下半年公开出版了。这是一本堪称世界先进水平的研究巨著，出版后得到国内外一致的好评，并且很快被译成了日文版与英文版。这大大鼓舞了学术界研究的信心。接着就是出版了刘敦桢主编的《中国古代建筑史》。在学术活动方面也开始活跃起来，官方有中国建筑学会的史学分会年会，民间的则有"建筑与文化研讨会"，"中国近代建筑史研讨会"，"民居研讨会"，"东亚建筑研讨会"等等，成果也日益增加。与此同时，清华的汪坦先生还带头发起了中日合作研究《中国近代建筑史》的倡议并提出了计划，也取得了相应的成果。在这一阶段，国内高校在建筑史方面投入与产出较为突出的有东大、同济、清华、天大、重建工、华南理工等校，其中尤以东大较明显，因此被评为建筑史学科的重点单位。东大在这一时期先后出版了潘谷西主编的《中国建筑史》（教材）与《江南理景艺术》（研究专著），刘先觉主编的《现代建筑理论》（研究生教学用书）与《密斯·凡·德·罗》（研究专集）、《阿尔瓦·阿尔托》（研究专集）、《外国近现代建筑史》（教材）（罗小未主编，刘先觉参编），以及一批翻译的专著（《建筑美学》、《现代建筑》）等等都产生了很大的影响。这一时期研究的主流仍是多校合作，如《中国近代建筑总览》、《中国建筑史》、《外国近现代建筑史》、《现代建筑理论》等等都是这一形势下开展的。

　　进入第三阶段，也就是2000年以后，教学秩序进一步正规化，各校科研也得到了更大发展。东大在中建史方面主要是在遗产保护方面取得很多成果，同时也出版了中国建筑史多卷集的《原始到两汉卷》（刘叙杰主编）、《元·明卷》（潘谷西主编）以及中国建筑艺术全集中的若干卷。我也组织了一个团队编写出版了《生态建筑学》（刘先觉主编），已获国家新闻出版总署的"三个一百"原创工程奖，其他还有《江苏近代建筑》、《中国近现代建筑艺术》、《澳门建筑文化遗产》、《新加坡佛教建筑艺术》、《江南园林图录》（刘先觉、潘谷西合编）以及一批翻译著作：《世界室内设计史》、《世界新建筑撷英》、《城市建筑学》、《城市与人》等等。同时也组织开展了"世界建筑史国际研讨会"（每两年一次），"建筑理论国际研讨会"（每两年一次）。在这一阶段，清华、同济、天大也有不少专著与译著出版。同时值得注意的是由于多元并存格局的逐渐成熟，最近正在酝酿编写与出版《中国近代建筑史》，现在已有三家在同时进行，第一家是以张复合为首的清华团队；第二家是中国建筑工业出版社组织的团队；第三家是以杨秉德为首的浙江大学团队。三家各有特色，第一家是以资料丰富见长，第二家是以编写队伍强大见长，第三家是以编写观点与方法创新见长。但愿早日能见到各具特色的成果面世，以促进建筑史研究与建筑史学史研究的进一步发展。当然更值得期待的是《中国现代建筑史》的研究与出版。

8　在美国耶鲁大学当访问学者

1981 年上半年，受南京工学院和建筑系的派遣，我和鲍家声老师被派到美国当访问学者。我被安排到耶鲁大学，鲍家声被安排到 MIT（麻省理工学院）。也许是因为耶鲁大学的人文氛围比较浓，而 MIT 的工程氛围比较强。这正是针对我学历史理论，而鲍家声学建筑设计的缘故。具体推荐人是刘光华先生，他对美国比较了解，做出这种安排是非常恰当的。

在出国之前，我们都到上海外语学院集中学习十天，既听听政策，再了解一些美国的风土人情，对于初次出国的人来说是非常必要的。

大概在当年 9 月初，我们一批学者约一百多人在下午 2：00 从上海虹桥机场出发，经过约 18 个小时才抵达纽约。当时从中国到纽约是要先在旧金山入关的，然后再继续飞往纽约。在经过进关检查的关口时，那几个美国工作人员，态度非常生硬，一点都不友好。我看到有的学者带的东西多了一点，有的箱子还用绳子捆绑，更是引起检查人员的不满，他先是叫你打开箱子，可还来不及解开绳子时，他就用刀把绳子全给切开了。然后把箱子里的东西翻得一团糟，草草还给你，叫人哭笑不得，我们心情复杂，觉得被人识作二等公民，被人欺侮了一样。后来再从旧金山机场起飞，到达纽约肯尼迪机场时已经是晚上 9 点左右。纽约的中国总领事馆有专车早已等着接我们了。第二天，每个人都在进行各自学校的联系工作。

图 8-1　纽约自由女神像

■ 参观自由女神像

　　我在纽约住了两天，其中去参观了一次自由女神像，约了另一位中国学者同去。自由女神像很高，里面有旋转楼梯，也有电梯。楼梯为了上下人不致拥堵，故在每一层交接处设有一个小平台，好让人通过。电梯大部分人是自上而下的，等人爬到顶层后可以轻易地下降。我爬到一半的时候已经有点想打退堂鼓，在同来学者的鼓励下，最终总算爬到了顶部。通过缝隙我们可以环视周围纽约景色，顿感心旷神怡。

　　自由女神像全名为"自由女神铜像国家纪念碑"，于 1886 年 10 月 28 日矗立在美国纽约市海港内的自由岛的哈德逊河口附近。雕像高 46m，加基座为 93m，重达 225t，由金属铸成。铜像由建筑师维雷勃•杜克和居斯塔夫•埃菲尔制作。整座铜像可以通过螺旋形楼梯使游客能登上它的头部，这相当于攀登一座 12 层高的楼房。由于铜像过高，后来从基座开始安装了电梯方便游人上下。现在的基座已成为美国移民史博物馆。

　　自由女神穿着古希腊式的服装，头戴光芒四射的冠冕，七道光芒象征七大洲。自由女神像腰宽 10.6m，嘴宽 91cm，右手高举象征自由的火炬，长达 12.8m，火炬的边沿可以站 12 个人。左手捧着一本封面刻有"1776 年 7 月 4 日"字样的法律典籍，象征着这一天签署的《独立宣言》；脚下是打碎的手铐、脚镣和锁链，象征着挣脱暴政的约束和自由。整个体态又似一位古希腊美女，使人感到亲切自然（图 8-1）。

建立这座雕像的起源可追溯到 1865 年，当时法国有关当局在群众的提议下，决定塑造一座象征自由的塑像，由法国人民捐款，作为法国政府送给美国政府庆祝美国独立 100 周年的礼物。现在自由女神像已成为美法人民友谊的象征，也永远表达着美国人民争取民主、向往自由的崇高理想。

■ 耶鲁大学

在纽约期间，我直接和耶鲁大学的华裔教授邬劲旅（Kinglui Wu）进行了联系，他是建筑学院的教授，也是我的第二位联系人，由于他是华人联系起来方便一点（图 8-2）。第三天，我就到纽约市中心的中央火车站乘火车去了目的地，纽黑文的耶鲁大学。邬先生已按约定的时间在车站门口等我。他原籍是广东番禺，可以说很流利的汉语，当时他已有六十开外，移民美国已有三十多年了，除了教学之外，还希望编一本关于中国园林的书，因此很愿意和我合作。我的第一联系人（Sponsor）是艺术史系的文森特·斯卡利教授。

图 8-2　作者与邬劲旅教授合影，1981 年

邬劲旅先生把我送到了预先联系好的一处宿舍，那里已由一位先来的博士生租了一套学校的公寓，另外还有一位刚来的复旦大学的访问学者，我是第三位住进这座房子的人。初去房里空空的，什么家具都没有，好在原先有人留下一个床垫，就这样对付了几天，他们说美国租房的规矩是搬家时，房子必须清空，不得遗留东西，过不了多久就有人搬出时会拿出许多家具供其他人使用，果然不到两个月，床、沙发、桌子、椅子都收集齐了，总算是有了一个临时的家。

图 8-3　耶鲁大学校园

耶鲁大学（Yale University）是一所坐落在美国康涅狄格州纽黑文市的大学，创建于 1701 年，初名"大学学院"（Collegiate School）。耶鲁大学是美国历史上建立的第三所大学（第一所是哈佛大学，第二所是威廉玛丽学院），该校在教授阵容、学术创新、课程设置和场馆设施等方面堪称一流，与哈佛大学、普林斯顿大学齐名，历年来共同角逐美国大学和研究生院前三名的位置，在世界大学排名中也名列前茅（图 8-3）。

纽黑文原是一个小镇，在铁路沿线，距纽约大约一个小时火车的车程。随着这座大学的建立，小镇逐渐繁荣起来，由于这所大学得到英国商人耶鲁的持续捐助，于是两年后便将该校命名为耶鲁大学。耶鲁大学以文科与医科著称，工程方面并不突出，但是建筑与艺术学科则在美国与世界均享有盛名。校园内的早期建筑多半建立在 1917—1931 年间。后来的现代新建筑则由许多当代的著名建筑师设计，例如小沙里宁（Eero Saarinen）就设计了该校的冰球馆与两座学生宿舍，路易斯·康（Louis Kahn）则以设计英国艺术馆而著名，鲁道夫（Paul Rudolph）是设计建筑与艺术馆的建筑师，约翰逊（Philip Johnson）和 S.O.M. 的主要建筑师本雪夫特以及布劳耶都在校园内有重要作品。全校基本维持在一万两千左右的学生规模，本科生约 5200 人，研究生包括博士生约 6000 人左右，尤其

图 8-4 纽约 A.T.&T. 大厦

是研究生，许多都来自世界各国。中国在耶鲁大学的研究生与进修生也在逐年增加。耶鲁的医学院也是享有盛名的，它和中国的湖南医学院有着长久的合作关系。

我到耶鲁大学后就和我的导师（Sponsor）斯卡利教授联系上了，他约我第二天上午 9：00 到艺术史系他的办公室见面。第二天一早我应约前往，正巧在系门口时遇见了一位也是刚从国内来的访问学者，随便寒暄几句，不觉已到了 9：05，我急忙赶去教授的办公室，他已在那里静静地等我。进门打过招呼后，他就毫不客气地说："你来迟了 5min，如果再迟一点，这次约会就要取消了。"这一席话给我印象很深，以后再不敢迟到了。他是一位既严肃而又和蔼的学者。谈论问题非常亲切，并不像刚才那样严厉。我说明了前来学习的目的与愿望，请教了他对于中国当时流行的"后现代风"怎样看？ 他回答得很简单，他让我抽空先到纽约去参观菲利普•约翰逊新设计的那座"美国电报电话公司大楼"（简称 A.T.& T.），看看有什么心得，然后回来再约个时间与他讨论后现代的思潮问题。我觉得这种方法也可以有的放矢，就这样说定了。

研究讨论后现代建筑思潮，其实是一个理论问题，也是一个立场问题和学派之争的问题，不同学派的学者与不同立场的人会有不同的结论。当然，在不同的国家、不同的地点与时间也会有不同的趋向。

在经过一个星期后，我到纽约专门抽出一天去参观了这座刚建成的 A.T.&T. 大厦，回来后我就在仔细思考如何和斯卡利教授讨论有关的问题。在约好了另一次会见之后，我们的讨论开始了（图 8-4）。

•斯：你参观过了 A.T.&T. 后有什么感想？

•刘：我认为这个菲利普•约翰逊的作品，不能说它不好，但我不喜欢它的风格。

·斯：为什么不喜欢？有什么理由？

·刘：有三点原因。第一，它很浪费，底下一层用了六层楼高的空间，顶部为了装饰性的形式就用了三层空间的高度，使人感到不够经济适用；第二，它的外形看起来有点与周围环境不协调，周围房子都是现代派的简洁方盒子，而这座房子却有许多象征性的装饰；第三，它的形式有点复古，走回头路，不够现代化，缺乏时代气息。

·斯：还有什么意见吗？

·刘：没有了，这只是个人感受，并不知道约翰逊为什么要这样设计？那您的意见怎样？

·斯：我的意见正好和你相反。

一、你知道这座大楼的商业效益很高吗？在还未交付使用之前，房子就大部分被预订了，它的租金和售价也比周围高很多，原因就是它有广告效果。如果要从经济来看，不能只看它的造价，付出多少，更应该看到它能收回多少。这就是为什么许多商品要做广告的原因。如不考虑广告效应，那为什么许多公司都拼命要给商品做广告宣传呢？建筑也不例外，它也是商品，只不过是大型商品，因此自然也不例外想要取得回报。所以经济账要全面看，不能片面看，否则社会上还要那么多的广告干什么？付出一点代价是为了取得更多的回报，这才是真正的经济账，例如悉尼歌剧院，起先也是众说纷纭，莫衷一是。但是后来事实证明它的社会效益与经济效益以及艺术效果都取得令人满意的效果时，再没有人对它提出质问了。A.T.&T. 也是一样。

二、关于和谐与协调的问题。这方面可以有两种理解：一种是统一协调，另一种是对比协调。统一协调，大家都比较清楚，就是比较相近的体形与色彩。至于对比协调，其实也很常见，只不过平时大家不大注意。花与叶就是对比协调的明显例子。谁也不会说花和叶子在一起不协调，但是它们是强烈对比的两个形象，这种对比协调会显得更引人注意，A.T.&T. 正是这种万绿丛中一点红的构思，可以取得鹤立鸡群的效果。因此才会有这种广告效应。

三、至于说它有点复古，这是一种文化符号，并未完全照搬古代的形象与装饰，它是表达建筑的文化内涵，使人在现代文明中仍然看到保留文化的精神，这比没有文化内涵的方盒子建筑不是更应受人青睐吗？

关于对 A.T.&T. 的评价，当然各个学者可能还会有不同的看法，你也可以去听听别的学者的意见。在不同的国家，不同的国情也会对各种学派有不同的要求，有的可能是经济原因，有的可能是政治原因，或者其他什么原因，总之要具体分析对待。

•刘：听了你的一席话，使我忽然有了新的理解，的确看问题要全面，要因时因地因事的不同而全面分析。谢谢你的分析与解释。

接着我们还继续讨论了一些建筑理论问题与学术立场问题。站在不同学派的立场看问题，结论是完全不同的。我开头对 A.T.&T. 的看法就是站在现代学派的立场来分析的，而他却是站在后现代学派的立场上来分析问题的。当然也是在美国特定的历史背景中得出的看法。关于后现代主义（Post-Modernism），教授说，它是在现代派的基础上进行修正，是对现代派的极端化补充一些文化内涵，吸取一些传统特色，用新技术来表达变形和装饰，并要把历史装饰题材符号化，表达一种隐喻或象征的精神，以丰富建筑的意义，这样便能使专家与群众都感兴趣，它是一种新时期的激进折中主义。罗伯特•文丘里（Robert Venturi）作为后现代主义的理论家，曾在 1966 年写过一本书，叫《建筑的复杂性与矛盾性》；1972 年他又和别人合写了一本书，叫《向拉斯维加斯学习》。这两本著作是后现代主义建筑的宣言书，主要指导思想是赞成兼容而不排斥，重视建筑的复杂性，提倡向传统学习，从历史遗产中挑选，提倡建筑形式与内容的分离，用装饰符号来丰富建筑形式语言。

评论一种建筑思潮或是一座建筑，很重要的一点是要从它的价值观来分析，这就涉及它的历史价值、社会价值、经济价值、政治效益、文化效益、审美效益等等，在各种内涵发生矛盾时，这就要因时因地综合取舍了。现代的社会是多元文化并存的社会，不再是一言堂的社会了，现代主义一统天下的时代已经过去，但是也不像后现代主义理论家宣称的现代建筑已经死亡，它还在以各种新的方式继续发展，这是值得我们注意的。

至于耶鲁大学的校园，是一个分散在纽黑文城市中的许多建筑组群，它没有像中国大学校园那样集中的界线与围墙，校园建筑与市区混合交错，大体上可以分出它的范围。整个纽黑文城大约一半都是耶鲁大学的校区，可以说是一个地地道道的大学城。

纽黑文市是一个海港城，呈长条形，自南到北中间有一条大路贯通，长约3000多米，耶鲁大学的校舍也就从南面的医学院，经过中部的老校区，再直达北部的家属宿舍区，步行大约要45min。这条大路旁并没有繁华的商店，而是一条茂密的林荫道。在主干道四周还有一些次要道路与分散的商业区。在校区中部是一个四合院式的建筑群，这就是现存较早的校本部的主要建筑群，集中了学校各部门的行政机构在内。这组建筑是红棕色的外墙，显现出明显的罗马风式（Romanesque Style）的细部特点，是19世纪末到1917年左右在复古主义思潮下建成的早期校舍。在它的周围建成的校图书馆与法学院大楼是1931年前后建成的典型的哥特复兴式的建筑，外观呈灰白色的石质墙面，清秀简洁，亲切生动。在它们的四周则布置着各个学院的教学楼与宿舍。

初到耶鲁大学，对于它的名称有些不清楚，有的叫"School"，有的叫"Department"，有的叫"College"，有时往往容易闹误会。其实，在耶鲁大学中的"College"不是指"学院"，而是指宿舍区，"School"才是指学院，例如School of Architecture就是建筑学院，"Department"则是指各个系，每个College里有院长和学监，也有自己的独立食堂与活动室，每个月还经常会组织定期的学术讲座。

在耶鲁大学最著名的建筑要算是冰球馆了，它是小沙里宁的杰作，外形像一只海龟或鲸鱼，因此它的外号也就被称为"海龟"，冬春时节这里作为溜冰场，在夏秋季节，这里也可以作为体育馆和交易中心或展览厅。它的屋顶是由悬索构成的，中间有一根弯曲的脊梁，既有良好的美学效果，又有适宜的空间尺度，给人以深刻的印象（图8-5）。另一座值得一提的建筑就是校园中的珍本书库，它是由S.O.M.主要建筑师本雪夫特设计的，它是一座密封的立方体放在下面的支点上，外墙四面全是由5cm厚的白色大理石板构成，没有窗户，内部全部用人工采光通风，当然大理石墙面也能透进

图 8-5　耶鲁大学冰球馆

图 8-6　耶鲁大学建筑学院

一些微弱的光线，这也许是为了保护珍本图书而采取的特殊措施。大理石的墙面每块约在 4m×4m 左右，它的技术要求之高与艺术的效果都是非同一般的。在这座珍本书库的前院通常是一些新艺术品的展览，尤其是那些动态的钢铁雕塑更在这里衬托出它的新奇。路易斯·康（Louis Kahn）设计的英国艺术馆形式新颖，方正的简单体形，外墙好像是没有窗子，其实它是将所有窗框与外墙都由灰黑色的墙板组成，形成一种神秘的外观，展览馆基本上靠内院采光。由保罗·鲁道夫（Paul Rudolph）设计的建筑与艺术馆是典型的粗野主义的作品，鲁道夫曾担任过建筑学院的院长，后来任院长的也多数是名家，如西萨·佩里（Cesar Pelli）等人，因此耶鲁大学的建筑学院非常有名（图 8-6）。由菲利普·约翰逊（Philip Johnson）设计的生物馆则是典型的现代派的建筑外观，独自耸立在校园的东面，还有布劳耶设计的工程馆，它那粗壮的外观也显示了粗野主义之风。校园北部的家属宿舍区与研究生的公寓区则都是两层低矮的住宅，亲切宜人，适于居住，门前是花坛和绿地，表现出一种新英格兰式的民居风格。整座校园建筑俨然像是一座近、现代建筑风格的展览场，在这里可以随时感受到当代许多建筑大师作品的灵感与创作经验。

1982 年的中秋之夜，是一个气候宜人的晴朗之夜，月色特别明亮，我们几个中国学者跑到宿舍外坐在草地上赏月，仰望着天空，大家不禁同声感慨，难道美国月亮真的比中国的圆？

耶鲁大学也是美国八所常春藤的名校之一。这八所学校的名称是：哈佛大学、耶鲁大学、宾夕法尼亚大学、康奈尔大学、哥伦比亚大学、普林斯顿大学、布朗大学、达特茅斯学院。其中哈佛大学和耶鲁大学是姐妹学校，每年都要进行联合运动会。耶鲁大学的校园环境非常优美，不论是 20 世纪前期的建筑遗产还是 20 世纪后期的新建筑都能和谐地融合成一个整体，形成丰富多彩的耶鲁校园特色。耶鲁大学建筑学院既是现代派的根据地，又对古典传统非常重视，它的教育是严格的训练与开放思想相结合的理念。对于后现代主义与晚期现代主义思想也都有选择地吸收，培养出的人也往往在社会上能出类拔萃。在和斯卡利教授接触的岁月里，我深感他的才学超群，而且勇于对现代建筑理论进行开拓。斯卡利同时也很谦虚，在每次讨论以后，他总是要你再听听别的专家意见，并且要根据自己国家的国情来具体对待。这是一种实事求是的态度。

耶鲁大学和中国还有特殊的情缘。清朝末期第一个到美国的中国留学生容闳就是被送到耶鲁大学学习的，他当时在耶鲁的情况记录现在还陈列在老图书馆的门厅中，稍后一点的詹天佑，中国最早的铁道工程师，也就读于耶鲁大学。在耶鲁大学现在还设有"中美友协"，称为 *Yale-China Association*，特别注重中美之间的学术交流。20 世纪 50 年代前在中国的著名学府湘雅医学院就是耶鲁医学院的分校，后来院校调整后并入湖南医科大学，至今仍有密切联系。

耶鲁大学是美国东部一所比较正统的高等学府，教学严谨，上课时，教师必须穿正装，不可以便装上堂，下课后就可以自便了。学生则没有什么约束，但是上课必须认真听讲，下课后必须要做作业。在正式宴会时，男士不仅要穿正装，而且还必须打领带，否则不许入内。记得我刚到耶鲁，斯卡利教授在校园的一处比较正式的餐厅宴请我的到来，同时也约请了其他几位教授作陪，我应约提前了一刻钟前往，上身穿了西装，但没有打领带，到了门口，居然不让进去，要我回去打了领带再来，至于穿短裤当然就更不让进了，后来在新加坡的高级餐馆我也遇到同样的尴尬，我只好按习惯办事（图 8-7）。

还记得初到耶鲁的时候，有一次学校组织初来耶鲁的中国访问学者和留学生到校图书馆参观，由一位华裔的副馆长带领大家参观。他说："过去在中国有人说美国学生不读书，成天在玩，这只说对了一点点。其实美国大学有三类：第一种是精英型的大学，如哈佛、耶鲁之类；第二种是常规型的大学，如一般的州立大学；第三种是不规范的大学，在中国教育部也是不承认学历的。我们第一种的学校都是要求很严的，学生也很自觉，大部分都是来自中学的尖子学生。"我们看到学校的阅览室里都是座无虚席，甚至连房间边上的平板凳上都坐满了人。教师和本科毕业班及研究生还可以租借图书馆的专用研究小房间（约 4 m² 左右），少到几天，多可到 1 个月或 2 个月。可以把要参考的许多书都搬到租借的这间小屋来便于查阅，当然要在原处留下你搬去的房间号码，便于别人随时能到你房内来取阅。租借房间是要有代价的，不能租了不用，占用有限的学术资源。图书馆里还附设有小卖部和咖啡厅，你如果今天没课，甚至可以整天泡在图书馆不出来，就在里面简单吃一点东西。我看了以后，觉得这些方面都是值得中国学习的。至于图书馆的开放时间，每天都从早上 8：00 开放到晚上 10：00，只有周六下午闭馆，服务之责是尽到了极致。

耶鲁大学的环境虽然很好，整个纽黑文城的环境也很美，但是到了晚上

图 8-7　作者与 Scully 教授合影，1981 年

治安仍不尽如人意。学校报纸上仍常看到晚上在路上有抢劫之事发生，这是美国的另一面。

在耶鲁大学的一年多内主要是跟随斯卡利教授学习《现代建筑理论》，也曾在校区内为该校师生作过三次学术讲座，主要都是"土特产"。这三次讲座也颇受当时耶鲁师生的青睐。这三次的题目是：

1. 苏州古典园林的艺术

2. 中国传统民居概况

3. 中国的宫殿与皇家园林

除了在耶鲁大学作过学术讲座以外，我也应邀到另外六所大学作过学术讲座，大概是：塞拉克斯大学（也称锡拉丘斯大学）（图8-8）、马里兰艺术学院、约翰·霍普金斯大学、伊利诺伊理工学院（IIT）、威斯康星州立大学（麦迪逊校区）、陶松州立大学（Towson State University），讲座的题目大致相同。用英语讲演并放幻灯片，一般问题不大，但在讲完后听众的提问环节，有点紧张，并不是怕解答不了他们的问题，而是他们的方言与模糊的发音，有些听不清楚，只好经常要请当地的华裔学者给做翻译。由于受到各校的邀请，也使我可以顺便有机会能到更多的地区去参观学习。

图8-8　作者摄于美国塞拉克斯大学，1981年

■ 到周围景点参观

在耶鲁大学期间在节假日会抽空去周围有关的景点进行参观，给我印象比较深的有罗德岛的绿色动物园，纽波特（New Port）的海滨别墅，华盛顿市区与威廉斯堡（Williamsburg）等处。绿色动物园是将常绿树修剪成各种动物形象，让一些孩子们去辨认，每个动物都有一个号码，这些不到十岁的孩子可以拿张纸写上自己认出的动物名字，到园门口工作人员那里兑奖，认出的数量越多，奖品就越大，小奖可能是一颗糖，大奖可能是一顶帽子，当然大人是不能代替的，这就完全要靠自觉了。它的主要目的是启发儿童的兴趣与智力。

在罗德岛东部的纽波特城是濒临大西洋的一座海港城市，在这里有不少 19 世纪末和 20 世纪初建造的华丽府邸：浪花大厦（The Breakers，1892）、大理石大厦（Marble House，1892）、埃姆斯大厦（The Elms，1901）等都是比较著名的建筑。其中前两者原来是美国火车大王温德伯尔特（Vanderbilt）兄弟的别墅。这些府邸的背后都有花园，依傍浩瀚的大西洋，建筑物的造型均采用西方古典形式，外墙用坚固的花岗石砌筑。内部则精致异常，有巴洛克风格的餐厅，洛可可风格的卧室和椭圆形沙龙舞厅，哥特风格的陈列厅和客厅等。不少大厅内部全用意大利进口的大理石贴面，并刻有丰富的装饰。有的室内则用高级硬木镶嵌，配以壁毯和漂亮的吊灯，充分反映了富豪们的奢侈豪华，也表现了当时建筑艺术的特点与成就。现在这些豪宅都已捐献给了国家作为文化历史遗产，用来开放供公众参观游览。每当夏季，这里已是游览胜地，既可欣赏历史性的建筑艺术，也可饱览大西洋的波光云影，使人心旷神怡。这些美丽的文化遗产对建筑学者或学生来说也无疑是一处极好的教学实习场。

此外，在大理石大厦花园前面一角处有一座苏州园林式的茶亭，相传是过去请中国工匠来建造的，后来有一个屋角坏了，对于那种起翘的屋角，他们不知道如何修理，曾经到耶鲁大学来找我请教，我给他们画了一个构造图让他们修复，修复后还专门来信邀请我去检查，由于时间关系我婉言谢绝了。

在耶鲁大学期间，由于是中美学术交流刚刚起步，在 20 世纪 80 年代初从中国被公费派来美国的学者很少，自费学生更是凤毛麟角，所以耶鲁大学的"中美友协"对我们这些在 1981 年来的中国学者非常热情，他们义务为我们配备家教（Tutor）。当年他们就为我配备了一名文学院的三年级女生作为我们的家教老师，每周来一个下午，主要是训练口语的熟练性，这对我们帮助很大。

■ 参观华盛顿

"中美友协"还组织我们去华盛顿和威廉斯堡作过一次旅游。这是一次很温馨的旅程，我们到达华盛顿后，就有当地的代表迎接我们这些学者，把我们安排到当地的志愿者家里住宿和必要的用餐，全是免费，就像是到了亲戚家里一样，那种热情的情况令我们始料未及。我被安排到一户老夫妻家里，当时家里就两口人，子女都在外地。老先生已有七十多岁，是一名退休的陆军上校，曾到过许多国家，也在抗日战争时期到过中国，老太太是家庭主妇。他们在当天晚餐时还专门开车出去找了一家餐馆好好地招待了我一番。老先生很健谈，很友好，也很希望听听当代中国社会的变化与新的风土人情。晚上就让我住在他儿子的卧室里。第二天一早在他家吃了点便餐，就用车把我送到了原先指定的旅游集合地，然后在傍晚再来指定的地点接我。这一对老夫妇后来给我印象很深，也留了他们的地址，一年后我回国曾给他们去过信，遗憾的是信被退回来了，据说是他们已经搬家了。

华盛顿市区的平面是一个方格网加放射形道路的布局，方向比较好辨别。我们在华盛顿中央广场分手后，我找到了旅游的大队人马，按照原先的计划参观了国会大厦、华盛顿纪念碑、白宫、林肯纪念堂、杰斐逊纪念堂，以及新建成的国家美术馆东馆，这是贝聿铭的大作。国会大厦在最东面，林肯纪念堂在最西端，纪念碑在中央。那时大概是 1982 年的春季，正是樱花盛开之时，整个国会大厦和纪念碑都像是被包围在樱花之中。尤其是巧遇一年一度的春季大游行，各种花车与各种装饰的游行队伍在鼓乐声中边舞边走，其欢乐的景象令人久久难忘。在国会大厦与林肯纪念堂之间中轴线的中间是华盛顿纪念碑，建于 1884 年 12 月 6 日，四周是一片花园，占地有 235.9 万平方米，纪念碑屹立在中间，高达 169m，底层面积为 39m^2，是一座标准的方尖石碑，也是世界上最高的石制建筑，中部空间设有楼梯和 50 层高的电梯。外墙用花岗石砌成，从底层可以直接登顶，在上面顶层四面的小窗可以眺望华盛顿市区的全貌，也可尽览中心广场四周丰富的美景和波托马克河的秀丽身影。它也是白宫南面美丽的对景。在中轴线纪念碑的前面有一个长条形的大水池，平日它反映出纪念碑的倒影，冬季还可以作为天然的溜冰场，具有多重的艺术效果。由于中央林荫广场尺度巨大，因此华盛顿纪念碑为了和周围环境相协调就采用了巨大高度的碑身，取得了很好的效果，否则在空旷的环境中就要失败了。这说明纪念碑的设计在空旷环境中的相对尺度要比绝对尺度更为重要。

在中央公园周围的建筑中，一些老建筑如国会大厦、白宫、林肯纪念堂、杰斐逊纪念堂、老美术馆等等都是西方古典式的建筑，而 20 世纪后半叶建造的多半都是现代建筑风格，例如国家美术馆东馆、宇航博物馆、新美术博物馆等等。它们虽然都相邻而建，但是它们仍能和谐相伴，并没有不协调的感觉，这主要是依靠体形、色彩、材质的协调均衡，因此反而感觉到丰富多彩，又有时代变化的特色，这对建筑师来说也是一种启发。

参观贝聿铭设计的国家美术馆东馆是我的重点，虽然书上已见过多次，但是百闻不如一见，看看真实的情况更有意义。它的位置在国会大厦西面的左侧，与原来已有的老美术馆相邻，位置十分局促，但又十分显眼。为了既能与老建筑协调，又要保证新建筑本身具有新时代的价值，贝聿铭的设计是十分巧妙的，他用两个三角形的体块做成一个新几何体，起到了对比作用。右边那座相邻的办公楼外观呈 19°尖角展示出俊俏的外形，异常引人注目。在主入口的台基上还有一座新颖的铜质雕塑，表现出雕塑艺术的新趋向。在室内展厅中正巧有毕加索原作"西班牙牛"的展览，每幅画大约有 2m×2m 见方，一共有十一幅，它是从最写生的画作逐渐简化到第十一幅完全是抽象的几根线条构成的一幅牛的形象。我看了以后颇受启发，说明毕加索的抽象画是从现实中抽象出来的，是有基本功的，不是只会画那些抽象的画面。就像我们中国人练书法也要从正楷练起，然后再到行书和草书，否则创作的艺术作品是没有根基的，也是没有内涵的。

第三天我们离开了华盛顿，去了南面的旅游胜地威廉斯堡，它属于弗吉尼亚州的范围。威廉斯堡原是英国殖民者统治美国东部城市时的大本营。这里有总督的府邸与一些公共建筑和街道商店，也有一些民居和作坊仍保存完好。是美国现存最著名的历史文化名城，邓小平同志访美期间，美国总统就曾在这里的新区与他会谈。

■ 参观威廉斯堡

威廉斯堡原名 Bushwick Shore，创建于 1661 年。最早是英国殖民者在 1633 年在这里建立了"中央种植园"，后来逐渐发展成为一座小城。1699 年为了向当时的英国国王威廉三世表示敬意，将这座城市改称威廉斯堡。1722 年正式称市，1699—1776 年为弗吉尼亚殖民地的首府，1776—1780 年为弗吉尼亚联邦首府，1790 年联邦首府迁至里斯满。1926 年在小洛克菲洛的支持下筹建了殖民地威廉斯堡基金会，开始修复和重建 18 世纪老城的风貌。修建后的威廉斯堡古城占地 70hm^2，拥有古建筑 800 余座，生动地反映了当时各阶层的生活状况。州府大厦、雷利大厦和总督府这三大历史性建筑都是在原址上按原式样和风格重修的。雷利大厦已作为历史博物馆，其余历史性建筑都是向游人展览开放的。

威廉斯堡现在分为新城与老城两部分，历史古城的道路设施全部按照 18 世纪原样布置，道路路面是泥沙路，不用水泥铺面，街上走的是马车，也不用汽车，路灯是用油灯，也不用电灯，屋内也不用电气设备。总之，18 世纪没有的科学设备这里都是不用的，工作人员也穿着 18 世纪的服装接待游客。这座古城的规模大约和中国北京故宫皇城的范围大小差不多，每年到这里来的各地游客超过百万，有许多美国游客都全家出动来这儿接受历史的教育。

要在这里用餐只能到附近新城区的餐厅或商店去享用，那里是截然不同的两个天地，新式的餐厅、宾馆和商店一应俱全。

　　修复后的威廉斯堡古城效果很好，它既是历史文化名城，也是教育基地，更是旅游胜地，但是它却不放弃文物保护原则，在这里一切都要按文物法进行活动，如有违反，罚款可是相当严格的，参观之后给我印象颇深。

　　在参观完威廉斯堡后，当晚就移住到亚历山大里亚小城，有一位美国友好人士接待了我，职业是心理医生，约有 50 岁左右，也是一位社会活动家，子女也在外地。我们谈得很融洽，后来他还来中国访问过，我也以礼相待，并变成了朋友。我感觉在中美之间，回避了意识形态的分歧外，学者之间的关系还是很友好的。

9 访问纽约与波士顿

1982 年夏天的一个上午，和我同机来耶鲁大学的一位陈老师，他来自浙江大学化学系，和我谈起他的表哥李元教授喜欢摄影，有很多好的作品，问我有没有兴趣去看看，我很乐意和他同去。李元教授是新泽西州立大学物理系的教师，住在纽瓦克（Newark），我们约好在校园里见面后同往，当走到校园边缘的一座小教堂前，看到有不少人去做礼拜，其中也有几个鼎鼎大名的大科学家和大学者，我们驻足观望，此时也有几个美国熟人站在我们旁边观望，我就忍不住问："他们都是大科学家，怎么也信上帝？"一位在旁边的美国学者就搭腔道："你要知道牛顿也是信上帝的，科学和信仰并不矛盾。"这对我来说，的确是一付很好的清醒剂。我们离开教堂绿地以后，就直接乘车去了纽瓦克他表哥的家，李元教授很客气地接待了我们，并给我们看了很多精彩的幻灯片与照片。吃过午饭后他要带我们去纽约看看，我们欣然接受。下午我们到了世贸中心，这是两座 110 层高的大楼和一组七层的办公楼，其中一座大楼对游人开放，我们就从广场上直接进入二层，买票后直接到达第 108 层观光层，再通过自动扶梯上达 110 层屋顶。四周望去，真是一览众山小，同时可看到一层黄灰色的薄雾笼罩在城市上空，这就是空气污染给城市带来的损害。今天纽约的这两座巨无霸已经在 2001 年"9·11"恐怖事件中被摧毁了，

图 9-1　纽约原世界贸易中心

图 9-2　纽约联合国总部大厦

图 9-3　纽约利华大厦

当年我留下的几张照片也弥足珍贵（图 9-1）。世贸中心大厦地下室有 6 层，其中有巨大的地下商场、地铁车站和地下四层停车场。我们从大厦顶层下到地下商场逛了逛，出来后又去了联合国大厦参观，可以进到大会堂与大厅里面，简洁的内部装修和板式的建筑外形，在当时都很能表达时代的气息（图 9-2）。

从联合国大厦出来再到城市的中部去找利华大厦（Lever House）和西格拉姆大厦（Seagram Building），由于纽约城的平面是方格网，找路还是比较容易的。在纽约，东西向的路叫 Street（街），南北向的路叫 Avenue（道），只要知道它的坐标就好找了。利华大厦是肥皂公司的办公总部大楼，这是一座 22 层的板式建筑，建于 1952 年，开创了全玻璃幕墙的新风尚，属密斯风格，外表为浅蓝色，与天空融为一体，在周围建筑中很突出（图 9-3）。我们找到这座建筑之后就到处找西格拉姆大厦，问了一位路人，他回答说："你身边的不就是西格拉姆大厦吗？"正可谓是"不识庐山真面目，只缘身在此山中。"西格拉姆大厦是一个酿酒公司的总部大楼，它是 1956—1958 年由密斯设计的，也是全玻璃幕墙的板式建筑，它的外表呈古铜色，显得稳重多了，它和利华大厦相对而立，又互相有强烈的对比，在城市景观中非常突出。这时天色已晚，我们就告别了李元教授直接乘火车回纽黑文的耶鲁大学宿舍，李先生也自己开车回他的新泽西州了，这一天过得很充实，也很有收获。

过了几天以后，我去了波士顿，在查尔斯河的北岸是坎布里奇区，世界著名的哈佛大学与麻省理工学院（MIT）就集中在此。赫赫有名的哈佛大学，校园并不算大，我和当地的南工同事一起参观，校舍比较分散，也比较古典，只有研究生中心区比较新派，那是格罗皮乌斯在 1949—1950 年设计的，设计公司叫 TAC，一大组建筑围绕着一个大庭院布置，都是二层的活动中心与四层的宿舍，也包括一些小型办公建筑，诸如活动室、图书阅览室等等。这组宿舍都是可带家属的公寓式住宅，大院内还设有一些儿童的游戏设施，和中国的研究生宿舍很不一样，那温馨的外观也给人以家的印象（图9-4）。看完了研究生活动中心与宿舍，我们就去哈佛的建筑学院参观，它的教学楼也是一座新建筑，属于正统的现代派风格，整座建筑的外貌都是以玻璃外墙为主，体型也很简单，这大概就是格罗皮乌斯当院长以后遗留下来现代派的思潮。

出了哈佛，我们又去了麻省理工学院（MIT），首先就是去找阿尔托设计的那座弯曲的学生宿舍贝克大楼（图 9-5，1947—1948），找到之后还是觉得挺吸引人的，挺有创意的，但觉得没有书上写得那么玄妙，红砖的外墙，流线型的体形，内部功能也处理得很好，初看确实给人印象不错。

图 9-4　作者摄于哈佛大学研究生中心

图 9-5　MIT 贝克大楼

图 9-6　MIT 校园内的克瑞斯基会堂

图 9-7　MIT 校园内的克瑞斯基小礼拜堂

看过贝克大楼，又去找到小沙里宁设计的克瑞斯基会堂（图 9-6）和小礼拜堂（图 9-7，Kresge Auditorium and Chapel，MIT，Cambridge），这是 1955 年设计的两个作品，两座建筑靠得很近，但是两者之间的风格却是如此悬殊，几乎不能让人相信是在同一时期出自同一人的手笔。

克瑞斯基会堂的平面呈三角形，里面容纳一个 1238 座的观众厅，屋顶用钢筋混凝土薄壳覆盖，薄壳厚度只有 3.25 英寸（8.3cm），整个造型纯净新颖，是探求用简单体形来解决复杂空间的尝试。但由于三边立面全是垂直的玻璃幕墙，以致在支承壳体的三个交点处产生了惊人的侧向应力，最后不得不用巨大的拱座来特别加强，甚至在施工的过程中也明显地暴露出这种设计带来的麻烦，对于内部的使用功能与服务用房的组织也都有些勉强。

克瑞斯基小礼拜堂就在会堂的左前方，是供少数教职工做礼拜用的，小礼拜堂的建筑风格和会堂迥异，它丝毫没有现代建筑技术的反映，相反，却应用了欧洲传统城堡的手法。建筑物的主厅设计成一个圆柱形，前面有一长条门厅和过道，外墙是用红砖砌筑，在圆柱形主厅外墙的底部有一些大大小小的拱券，以打破砖墙面的沉重感，同时也可以为室内采光提供一点光源，并暗示着现代教堂和传统建筑的区别！有趣的是礼拜堂内部墙上没有任何窗户，惟有顶上一个橄榄形的天窗采光，阴暗的光线衬着周围抽象的装饰和布置，确实能给人一种神秘和虔诚的宗教感。

离开麻省理工学院，我们就去波士顿市中心参观贝聿铭设计的汉考克大厦（1973 年），这也是一座玻璃幕墙的板式建筑，但与过去不同的是从 1973 年起，已将原来的染色玻璃外墙改为镀膜的玻璃幕墙，并可以根据需要涂成各种颜色，可以是蓝色、绿色，也可以是金色。这座汉考克大厦是天蓝色的镀膜外墙，在阳光照耀下闪烁发光，还有镜面效果，加上表面轻盈通透，故常被称为银色派，尽管它还存在一些问题，但这种手法还是逐步风行世界（图 9-8）。

图 9-8 波士顿汉考克大厦

10 访问芝加哥

访问芝加哥大约是在 1982 年 6 月，受到两方面的邀请而前去的。一方面受到位于芝加哥市区的伊利诺伊理工学院（IIT）建筑系官方的邀请；另一方面是私人的邀请，来自于一位芝加哥小有名气的眼科医生罗斯曼（Russman）博士。IIT 是我早就想去访问的地方，因为那里有密斯·凡·德·罗（Mies van der Rohe）创办的建筑系，也是密斯学派的大本营，整个校区基本上都是由密斯设计的，尤其是克朗楼（Crown Hall）作为建筑系更是有名，它代表了密斯的风格和特征（图 10-1）。我到 IIT 被安排作了一次讲座，位置在克朗楼地下室的封闭教室里，题目是关于中国民居，因为他们那里来自中国的访问学者已有人讲过宫殿和园林，轮到我只好换个题目，他们倒也很感兴趣，并觉得从民间遗产中吸收一些艺术特点也是建筑师的一项职责。讲完后我和他们的教师作了交流，我十分欣赏他们的现代化教学方法与空间流动的理论实践，所有建筑和建筑群呈现出相融合的技术美，轻、光、挺、薄，表现得十分到位，使现代派精神大放异彩，也使密斯风格得到了具体体现。由于我在出国之前就接到中国建筑工业出版社预约的《密斯·凡·德·罗》专辑的编写任务，乘此机会也可多收集一点资料，他们当时的系主任就送了我一本该系刚出版的《纪念密斯·凡·德·罗》，另外还送了我一本传记《密斯·凡·德·罗》，这两本新书为我回国后编写密斯的那本书起到了不少参考作用。

此外，为了以后要写密斯的书，我要亲身体会一下具体建筑物的使用效果，外观上的美学效果没得说，使用功能也基本上能满足要求，但是通风和隔热就很不理想。我去访问的时候正好是 6 月初，芝加哥的天气已经很热，强烈的太阳把玻璃幕墙烤得奇热难耐，虽有室内空调，但是仍然觉得很不自在，同时支撑空调的电费也太多了，阳光也太强了，还得设法遮掉一点，确实有点得不偿失，这也许就是光亮派为了技术美而要花的代价吧。在 IIT 我还遇到一位华人教师黄耀群教授，原是中央大学校友，他曾陪我去市区参观过一些建筑，使我难忘的有一座房子，全是钢结构的，但外表呈橙色，我并不在意，他就让我走近去看看，原来整个建筑的外表全是钢铁生锈所产生的效果，据说这是一种新技术，可以不必为钢结构生锈而烦恼了，他们已预先进行了处理，使其已具备了一层保护层，这的确是一种创新，但仍是一种尝试。我们还顺便去参观了当时世界上最高的 110 层的西尔斯大厦以及一些其他的建筑。

第二天黄先生又陪我去参观了密斯的名作范斯·沃斯住宅（图 10-2），主人不在，看门人只让在外面参观，不能进入。这的确是一座纯净的建筑，几乎像是一座天上仙阁，但是据记载，交付使用时曾引起过一场业主和建筑师的官司，二人从和睦到翻脸，原因是建筑决算比原预算的费用几乎增加了一倍。最后，经过了一段时间，女医生把这座住宅卖掉了，新的住宅主人是英国的一位房地产开发商，他是密斯的粉丝，每年只在秋季时分前来度假时

图 10-1　芝加哥 IIT 校园内的克朗楼

图 10-2　芝加哥郊区的范斯·沃斯住宅

住一段时间，室内的布置一切都保持着密斯的设计，整座建筑就像是一座文物在保护着。从这里也给我们建筑师一点启示，住宅毕竟是要给人用的，不能一味追求艺术质量，而忽视经济与适用的基础，不可能个个都成为文物。初夏时分，微风拂面，我们在外面看着那空透的别墅掩映在茂密的糖枫林中，确实是会感到一种纯净的美，但是这种美是要有相当代价的。

我们在离开这座建筑后，黄先生又开车继续带我到芝加哥北郊的橡树园镇（Oak Park）去参观赖特早期的建筑作品，大部分都是住宅，门前都有一块方形的红色印记，就像是中国的印章，它们都嵌在大门边的右下方，以作标记（图10-3）。这些早期住宅的特点并不明显，主要是屋顶出挑较大，窗子较宽而矮，坡顶较为平缓，墙面色彩较浅，这些细致的处理只有认真体验才能感觉得到。在镇上还有一个小型的赖特研究中心，是一些志愿者在那里为游客服务，解决各种各样的问题。据说，在20世纪50年代初，勒·柯布西耶从欧洲到美国芝加哥，曾想要拜访赖特，托人从芝加哥带口信到威斯康星州，口信带到了，赖特居然表示拒绝接见，并说："那个在欧洲写小册子的建筑师来美国干什么？不见。"话就这么传回去了，柯布西耶感到很没有面子，于是就回应道："那个乡巴佬没有见过大世面，不见也罢。"就这样，两位世界上最伟大的建筑师结束了他们互相之间的碰撞。

下午5：00左右，我们从橡树园镇回到芝加哥，黄先生把我送到那位眼科医生的门诊所，我们就此告别。我进去等罗斯曼医生下班出来，他见到我后很热情地打了招呼后，便带我上了他的车开到郊区的别墅，位置在芝加哥湖畔，环境十分优美迷人。他的夫人是一位法国人，大约四十多岁，看起来还比较年轻，罗斯曼医生本人大约也不到50岁。他们有一对儿女，儿子刚大学毕业，昨天才回家，正准备找工作，女儿刚刚才读大学，还在学校，没有在家，我就被安排住在他们女儿的房间里。他的夫人是一位艺术家，也是一位专职太太，没有外出工作，因为她先生的收入已足够他们家开销的了。夫人在家里把客厅与餐厅都布置得像艺术展览馆一样，在他们家的后平台上还布置着一座大型的铁皮做的雕塑，上面涂有红、白、黑的色彩，就像是华盛顿美术馆东馆内部雕塑的再现。晚餐时，夫人特别高兴，因为新来了中国客人，她说，我不会做中国菜招待你，只能做法国菜给你们吃。我顺便就说："如果你们不嫌弃，我做一样中国菜给大家尝尝。"其实我也不会做菜，只是在国内看人家做过，我选了冰箱中的牛肉切成丝，再用生粉和酱油一拌，再切一点葱，打算做个葱爆牛肉。等生油烧开，把牛肉和葱一起放下很快一炒，看着肉的颜色一变白，赶快捞上来，我一试，居然又嫩又香又可口，总算初试成功，博得了大家一致的称赞。他的夫人赶快拿出纸和笔，让我再仔细说一遍，她一一记录以做参考。晚上他儿子住在我隔壁房间，打字机滴滴答答打了一夜，是为了向各方发出求职信，第二天一早他就把信给发出去了。第二天吃完早餐后，罗斯曼医生说，我带你去我的农场看看，因为这天正是周六，他休息，就带我和他的夫人密凯尔一道乘车到了芝加哥机场的私人停机坪，这里每人都有一个固定的机位，就像租的汽车位一样。我们换上他的私人小飞机，那是一架螺旋桨飞机，共有四个座，由夫人驾驶，我和罗斯曼医生坐在后排欣赏窗外风景，这是我第一次坐私人飞机，也还比较平稳。他家的农场在威斯康星州，据说有 300 英亩，主要是种玉米和养牛，因此这个农场是粗放型的，平时只雇了当地一个工人照看，到了收获时期才另外请工人帮忙。大约一个小时就飞到了威斯康星农场附近一个城市的机场，停下飞机，又换乘他的另一辆小汽车才开到他自己的农场里（图 10-4）。那里有一个简单的休闲建筑，一切设施也都还比较齐备，在那里过夜吃饭是没有问题的，加上

图 10-3　芝加哥橡树园

图 10-4　罗斯曼医生的私人飞机

预先已通知值班的人买了一些新鲜的蔬菜和肉类，更是觉得比较舒适。初夏时分，室内没有空调，但在农场里非常凉快。第二天他先是开车带我到麦迪逊市区去参观市容，见到了一座全玻璃的高层办公楼，他就开玩笑地控诉这座建筑。他说这座建筑有三错：第一是全玻璃幕墙使行人和汽车受它反射光的影响，往往睁不开眼；第二是玻璃幕墙镜面的效果，使行人和汽车迷失方向，甚至有的汽车就会冲向幕墙；第三是很少有人会想到的就是由于这里是农业地区，天空湛蓝，飞鸟甚多，玻璃幕墙又是天蓝色，使得建筑和天空融为一体，致使不少鸟类撞死在玻璃幕墙上，这种状况每年都有不少。他讲这些话虽说是半开玩笑性质，但确实是箴言，值得铭记，建筑师不能只考虑形式，还要考虑因地制宜。下午我们去参观了他的农场，虽说农场不大，但一切都很现代化，喂食的料仓、牛群的饮水槽、避雨的遮棚、储藏的库房都很齐备。这些牛群像军队一样，能够被自动化地操作运行，只要人每天去看看是否运作正常就行了。其间我看到一头刚出生的小牛跟随着一头母牛来饮水，我摸摸那头小牛，觉得十分可爱，罗斯曼医生就说："你喜欢就送给你吧！正好近日有一个中国农业代表团到这里来买牛，你就托他们帮你带回去吧！"他说得是那么的认真，我赶快回应道："谢谢，我不能要，我无法处理。"虽然这只是一件私人之间的情谊小事，也反映了中美人民之间的友谊是真挚的。看来，在美国，一个知识分子既当职业医生或工程师，又当一个农场主，也是完全可能的，同时还能兼任飞机驾驶员，他们把驾飞机看得和驾汽车那样方便。在芝加哥私人飞机停机坪上看到的私人飞机，小的是二座、四座，大的有八座、十座，甚至还看到一架喷气式的飞机，大概有十六座。虽然私人飞机对于高层人物短途出行方便一些，但是长途旅行还是坐大飞机比较舒适。

星期日下午我们乘坐由罗斯曼自己驾驶的飞机又飞回芝加哥，夫人和我则坐在后排观景。傍晚我们回到了他们在芝加哥的别墅，又过了一夜，到星期一上午他把我送回了芝加哥市区，我们就此道别，这是一次难忘的相遇，更是一次温馨的度假。我回到中国后，他们曾说要来中国旅游，却几次都未成行，而他却还几次邀请我再去他们家作客，并说："我家的门永远向你开放。"现在已过去三十多年了，通信也中断了，如今他们怎样？很让人想念。愿好人一生平安！

11　美国的城市广场与园林绿化

20 世纪以来，随着工业的发展，美国城市人口急剧增加，城市环境混乱，要求改善城市环境的呼声越来越高。城市广场与园林绿化既可以创造出安静、优美的环境，也可构成城市景观，所以美国许多城市作了不少探索，有些经验也许值得我们借鉴。

■ 城市广场

城市广场的出现已有悠久的历史，特别是到文艺复兴时期，在意大利和法国取得了辉煌的成就。但 19 世纪以前的城市广场，不论何种性质和布局，基本上都属于平面型的。20 世纪以后，人们的思想开阔了，城市广场开始向空间型发展，这一现象在美国特别突出。

美国的城市广场在 20 世纪 40 年代以前多采用平面型的，20 世纪 40 年代至 60 年代是平面型向空间型过渡的时期，20 世纪 70 年代以后，大部分倾向空间型。

在平面型广场中，比较著名的如纽约的时代广场，联合国总部广场，芝加哥的联邦中心广场，波士顿市中心广场等。时代广场形成较早，位于纽约市中心最繁华的地段，占地很大，但只是一个交通广场，还谈不上为人们创造安静、舒适的环境。联合国总部广场和联邦中心广场都属于大型公共建筑前的装饰性广场，地坪与建筑物基部在同一水平面上，由于场地开阔，并布置有水池、雕像、绿化及其他点缀小品，衬托得主体建筑格外壮观。波士顿市中心广场属于公共活动广场，平时游人很多，使用频繁，虽然也属于平面型的，但却把广场的一部分低下几步，造成明显的界限，使布局比较活泼。

空间型广场的发展是和进一步避免交通干扰的要求分不开的。它既可以创造相对安静舒适的环境，又可充分利用有效空间，获得丰富活泼的城市景观。空间型广场一般又可分为两类：一类是下沉式广场；另一类则是上升式广场。

下沉式广场的地坪一般比街道低 4 m 左右，纽约洛克菲勒中心的凹型广场就是比较著名的早期实例之一。洛克菲勒中心是一组庞大的建筑群，位于纽约市中心比较繁华的地段，总占地面积为 $8.9hm^2$（22 英亩），现在共有 19 座建筑，其中大部分建于 1931—1939 年间。在 70 层的主体建筑 R. C. A 大厦前，有一个凹下的小广场，既创造了闹中取静的小天地，又在建筑空间构图上富有变化。凹广场正面布置着一个飞翔着的金光闪闪的雕像，下面有喷泉与水池衬托，颇有画龙点睛之意。广场两旁还布置了一些房间。在凹广场内，夏季设有茶座，供应冷饮小吃，冬季可作溜冰场。凹广场南面是长条形的街心花园，标高与街道相同，供游人小憩。在市中心的高楼大厦间布置这样的环境，基本上达到了功能与艺术有机结合的效果。

20 世纪 60 年代以后，下沉式广场得到普及，尤其作为商业建筑或大型公共建筑的前院，具有特殊的意义。如纽约花旗联合中心前院，豆梗餐厅前院，纽黑文市英国艺术博物馆侧院等都是小型下沉式广场。这些小广场都是利用大型建筑地下室部分开设餐厅、酒吧之类，把凹型广场作为前院，院内布置花草树木、喷泉、雕刻等，有时也设置露天茶座。由于广场地坪比街道低下一层，不仅使地下层部分的餐厅能获得自然采光，而且环境安静幽雅，城市景观也富于变化。芝加哥市中心的村舍广场则是一个下沉式的公共广场，中心部分设有水池喷泉，周围装饰丰富，内部空间比较开阔，可供市民进行各种露天活动。

上升式广场一般比城市街道高出一层左右，有的高达 4 ~ 6m，这种类型的广场出现较迟，多半见于 20 世纪 70 年代以后。比较典型的例子如纽约世界贸易中心广场（1973 年）和奥尔巴尼市的帝国广场（1978 年）。

纽约世界贸易中心位于曼哈顿岛的西南端，西临哈德逊河。它是由两座并立的 110 层塔式摩天楼、四幢 7 层办公楼及一幢 22 层的旅馆所组成。在建筑群之间有一个 2.03hm²（约 5 英亩）的上升式广场，位于两座塔式摩天楼的东北面。由街道通向广场，有宽阔的大阶梯，但不设车行道，避免交通干扰。从广场上可直接进入塔楼二层。整个世贸中心广场比街道地坪高出一层，在广场下面设有纽约最大的百货商场，广场上面布置了精致的水池、雕刻、花台、灯柱和石凳等。全部地坪与装饰小品均为花岗石饰面，广场显得格外整洁、安静和秀丽。尤其在风和日暖的春季，闲坐其间的游客面对现代化城市景观和花台上鲜红的杜鹃花，真是心旷神怡。

奥尔巴尼市的帝国广场建成较晚，也是上升式的市中心广场。它架设在高台之上，下面有公路穿过。车辆虽可盘旋直达广场，但只是作为终点而不能通行。为了兴建帝国广场，有关当局曾耗费巨资，在几年内全部完成广场上的所有建筑与全部设施。奥尔巴尼市是纽约州的州府所在地。帝国广场上屹立着几座巨型的塔式办公楼、立法大厦、博物馆、表演艺术中心等现代派的建筑，广场正中还设有一个巨大的长条水池，周围是花台和其他点缀小品。这座广场由于是新建，距老市区较远，虽然广场内外非常壮观，环境开阔安静，但却显得有点冷清。因此美国有些学者曾对此广场提出异议，认为广场应用适当的尺度与位置，这点应引起有关当局的充分注意，否则事倍功半，耗资和效果不一定成正比。

■ 园林绿化

美国除少数大城市如纽约、芝加哥、波士顿等比较拥挤外，其他大多数市镇都比较重视环境绿化与园林的艺术处理。近些年来，"回到自然界"的呼声越来越高，人们对于园林绿化的要求更加迫切，不仅在数量上，而且在艺术质量上也逐渐提高。据有关资料，美国一般新城的绿地面积为每人

$28 \sim 36m^2$，远期规划则要求为每人 $40m^2$。

华盛顿是园林绿化比较好的城市，市区面积为 $3085hm^2$，每人绿地面积达 $40.8m^2$。城市布置与绿化系统都是经过仔细规划的。它不愧为一座美丽出色的城市，绿草如茵，花木遍地，尤其是国会大厦与白宫周围的绿化更为精致。1791 年伦方特最初规划华盛顿时，曾在城市南端预留了大块绿地，后来此地成为著名的林荫广场与宪法花园的基础。所有开放的绿地都把草坪修剪得像绿色地毯一般，树木布置自然成趣，加上精心配置的雕像与花草，处处美丽如画。

华盛顿的宪法花园是没有围墙的，除了自然式的布局与绿化外，中间有个大湖，沿岸樱花成片，在春季特别迷人。湖边栖息着许多野生水鸟，草坪上也不时飞来鸽群。由于在美国严格执行保护野生动物的法令，所以这些鸟对游人毫不在意。

城市郊区绿化也很讲究，一般在郊区的机关单位没有围墙，前面通常都有大片草坪并点缀一些花木。在高速公路两旁一般也有宽 6m 以上的草坪，后面才是树木，有时分隔带也用草坪或灌木，这样可以使高大的树木离车的距离较远，避免汽车高速行驶时造成的晃眼现象。凡是到美国的外国人，没有不为这种奢华的设计而感到惊讶的，这样做不仅占地很大，草坪剪修和保养的工作也颇为可观。

居住区绿化更为人们重视，它直接关系到每个人日常生活环境。每幢住宅不仅没有围墙，而且住宅前面一般都有草坪和树木，尤其是沿街的住宅，种植了杜鹃、迎春、海棠、山茱萸及草花之类，到了春季，各种花卉竞相开放，掩映于绿树丛中，到处是花园景色。如果个别人家不注意绿化修剪，甚至要遭到指责，因为它一方面有碍全区的观瞻，同时杂草蔓延也会影响到邻居。

至于美国的园林，一般可分为三类：第一类是国家公园，第二类是城市公园，第三类是花园。

国家公园包括州立公园、风景区与自然保护区在内，也称为森林公园，多以大自然景色为观赏对象，只是适当开辟一些自然的道路和旅游设施，最著名的为黄石公园。笔者曾到康涅狄格州和新泽西州几处森林公园参观，入园后没有车行道路，所有园路都是简单的土石铺面，穿过溪流也只有几根圆木横跨。在全区范围内，山路崎岖，森林密布，鸟语花香，鹿群出没，使人感到天然野趣十足。虽然与我国风景区相比，缺少名胜古迹点缀，但也别有风味。由于森林公园面积很大，道路穿插迂回，加上参天古树遮挡视线，在园内游览难免迷路。为了使游人不致迷途，一般森林公园都在半日旅程范围内设有几条环形道路互相穿插，每条路线用一种颜色的圆点标志，每当走到多条交叉路口时，即可看到在每条路旁的树干上各有不同颜色的圆点，如果游人急欲出园，只要一直沿着一种颜色标志前进，则不致发生意外。

城市公园一般是以大片草地与树丛为主，着重大面积的自然意境，适当布置一些园路、花坛及园林小品，比较典型的例子如纽约的中央公园，华盛顿的潮水湖公园，纽黑文市的中心公园等。近几年来，园内采用写实雕刻之风日盛，许多雕刻做得非常逼真，惟妙惟肖，往往会以假乱真。在公园里可以看到小松鼠在树枝与草坪上到处嬉戏，非常招人喜爱。

美国花园处理得比较精致。在大片草坪上设有自动喷水口，每当草坪浇水时，有如遍地清泉旋转，也为园景增色不少。有的花园很大，如美国最著名的长木花园，开放面积有300英亩，另有70英亩作后勤部分。两部分加起来，比北京的颐和园面积还要大。

长木花园（Long Wood Garden）位于费城西南48 km的郊区，它原是美国化学大王杜邦的私园，后来捐献给国家供群众参观游览。长木花园的总体布局是自然式的，有些局部景区则采用规则式的，因此它是属于混合式风格，具有典型的美国园林特色（图11-1，图11-2）。

园林入口处是一座综合性的服务建筑，包括行政办公及游客服务用房等一应俱全。入口大门两侧墙面设计为双层透空密排圆形图案，内部种有藤蔓，配以灯光，甚为新颖。入园后是一片开阔的草坪与树丛，布置自然，造成一个障景，逐步引人入胜。所到之处，除了铺装路面和绿色植被，几乎没有一处露土。园内建筑物很少，只有杜邦原来的私人别墅，大型花房，露天音乐台和一些园林小品等。

全园可分为许多景区，主要有意大利水景园、牡丹园、整形树木园、喷

图 11-1　作者摄于美国费城
长木花园内的意大利园

泉园、岩石园、玫瑰园、草坪树丛区、花坛区、湖区、温室区、大王莲区等。每个景区都有各自的特点。为强调其观赏性，文化活动设施很少，只有露天音乐台在整形的常绿树衬托下，自成一区景色。在意大利水景园内，一组喷泉甚为有趣，每隔五分钟自动变换一次喷水花样，共有六种不同的组合形式，构思颇为新颖。在大片喷泉区内，一排排喷泉水池，高低起伏，造型典雅，有的大型喷泉还配有彩色灯光，可供夜晚观赏。在湖区，中心部分是一片大水池，沿岸树木参差自然，层次与景深都处理得相当成功，池内养有红鲤鱼，常浮游水面之上，颇有杭州花港观鱼的意境。长木花园的水景比较丰富，有开阔安静的水池，各式各样的喷泉、涌泉、溪流以及作为装饰的水踏步等。在温室区，也把展览植物和园林艺术紧密结合起来，创造了极其优美的景色，令人流连忘返。在大王莲区，圆形水池中无数巨型莲叶衬托着清秀花朵，姿色动人，犹如芙蓉仙子，吸引许多游人。重视写实雕像与园林小品是长木花园的另一特色。笔者虽对我国传统园林艺术颇有感情，但在考察了长木花园之后，的确开阔了不少眼界，觉得我国园林艺术创作今后在保持原有传统风格的基础上，似有进一步探新的必要。

图 11-2　长木花园内的美国园

12 应邀到瑞士苏黎世联邦理工大学当客座教授

1984 年瑞士苏黎世联邦理工大学（Swiss Federal Institute of Technology），简称 ETH，由于和我们南京工学院（东南大学前身）有相互交流的关系，教师与学生经常来东大访问或学习旅游。1985 年他们建筑学院的一位资深教授 Heinz Ronner 也在这时期来我院访问考察，我们系指派我全程接待他，为他做翻译和陪他到苏州园林参观等等。他是一位比较沉着冷静的老先生，我们交流十分融洽。他回国后就来信邀请我去瑞士作客座教授进行短期访问，为时三个月。这是一个很好的机会，除了在瑞士可以与他们交流和做讲座以外，还可以借此机会到周边一些欧洲国家进行考察。1987 年我正式提出申请前往，9 月份我到了苏黎世。

■ 瑞士

当时是从北京出发的，可以直达苏黎世我的目的地。它是瑞士的第一大城，苏黎世联邦理工大学就位于苏黎世，校本部在市中心区，创建于 1855 年，是一处古典的校舍，和苏黎世大学靠近。联邦理工大学简称 ETH，它有很多工科专业，是欧洲最著名的大学之一，和美国麻省理工学院齐名，闻名遐迩的爱因斯坦就是该校的校友，后来也是该校的教授。它的教学十分严谨，科研水平非常高，西班牙著名建筑师卡拉特拉瓦也是在这儿获得的博士学位。ETH 的建筑学院位于城市东北郊的洪伯格（Höngerburg），距离校本部约有 20min 的有轨电车路程，建筑学院的新校区约建于 20 世纪 60 年代，是一处玻璃方盒子的建筑群，中间有几个庭院，种植有一些花草树木，设置有一些小喷泉，也很生动活泼（图 12-1）。

图 12-1　苏黎世 ETH 新校舍

建筑学院基本上是属于欧洲现代学派，从低年级开始就强调学生要学习抽象的构图能力，并强调做模型的方法，与我国的传统教学方法迥异。当然到了高班三、四年级，有好几位教授指导建筑设计，他们发挥百家之长，并不搞一言堂，所以我们也可以看到有的教授指导的学生作业画的图是相当学院派的，并不搞抽象构图的方案。其他风格的作业也都得到尊重。在 2000 年前苏黎世联邦理工大学每年基本上都有学生来我校建筑学院交流，或是参加短训班，或是短期进修，了解和学习一些中国文化。

瑞士是欧洲一个小国，全国国土面积 41284km^2，人口 703 万，它约相当于江苏省的两倍面积，人口却只有江苏省的 1/8。它的国民生产总值，人均为世界之冠，被认为是世界上首选的移民国家。整个国家如同在一个大花园中，治安良好，人民生活福利非常优厚，所以对学校的教育投资也比较充足。近些年来，我国和我校去 ETH 学习和进修的学生和教师也很频繁。

瑞士的富裕一方面是因为它在将近四百年来都是中立国，没有战乱的破坏，另外就是靠金融业与精密仪器和手表制造闻名于世，它的旅游业也在世界上享有盛誉。高山滑雪、历史遗产的鉴赏，对于那些长年在大城市办公桌前的人来说，不能不说是一种向往。瑞士不是欧元区国家，申根签证到瑞士也要重签，欧元要换成瑞士法郎。瑞士由于国家小，交通十分发达，飞机、火车、汽车都可按需选择。由于瑞士是欧洲中部国家，它没有自己的本国语言，就以德文、法文、意大利文作为它的官方文字和语言，其中以德文应用较广，约占七成，法文占二成，意大利文占一成，都是在靠近法国和意大利的边界地区，瑞士人一般也都能讲四国语言，那就是英语、德语、法语、意大利语，他们可能是世界上最有语言天赋的国家。

我在瑞士的三个月时间被安排做四次讲座，都是关于中国的传统文化：民居、园林、宫殿坛庙、中国近代建筑之类，他们也很感兴趣。余下的时间就跟随 Ronner 教授观摩他在三年级的设计教学。最明显的特点就是讲道理多、分析多、动手改图少，除了极少数的地方他会动手画一画，主要是那些构造部分，因为有些说不清楚。我的讲座任务一个月就可完成，余下的时间就可以自由安排去周边几个国家旅游，也可到瑞士各地调研参观，他们安排给我的经费足够我用的了。在瑞士我租了一间公寓，家具和床被褥等都有，也有卫生间和公用厨房，生活还是相当舒适的。

■ 访问日内瓦、伯尔尼、洛桑

过了半个月，听说中国又来了一位访问教授，一见面原来是熟人，他叫张锡麟，来自华南理工大学，是搞城市规划的，也只安排他做两次讲座，在瑞士只有一个月，他就住在旅馆里，没有住公寓方便，也不能随便烧点东西吃。再一了解，他的旅馆在山下，后门就对着我们山上公寓的大门，联系起来也很方便。我们一商量，在完成各自的任务后，就结伴先到瑞士各地旅游。先是去了日内瓦，首先参观日内瓦湖，中间有个140多米高的喷泉是一个重点。日内瓦湖周边除了少数雕像以外，就是大片的草坪花木，就像一个天然公园，游人也很稀少（图12-2，图12-3）。靠日内瓦湖不远的地方有一处联合国在日内瓦的国际会议中心，那是一组很大的建筑群，全是玻璃方盒子建筑，是地地道道的密斯风格，因为它远离市区，并不致影响整个市区的风貌。这里可供参观，周围还布置有雕像与泉水，倒也感到另一种现代化的氛围。在会议中心道路尽头的广场中间有一座奇怪的雕塑，是一个巨大的三只脚落地的椅子，不知艺术家隐喻着什么含义。是不是要说明世界不平衡是危险的？在日内瓦这座国际化的大都市，它的大街两侧基本上都是古典式的建筑，可能都是建于20世纪初期。高级宾馆与餐厅鳞次栉比，偶尔还发现了一家中国餐厅，橱窗里摆放着瓷器的大型福禄寿三星，标志性特别强。

我们在那里跑了一天，天快黑了，我们就想在那里找个旅馆住一夜，谁知小街上的旅馆都客满了，到大一点的旅馆一问，价格高得吓人，起码也都要300到400瑞士法郎一天，差不多是我租公寓一个月的价格，两人一商量就决定乘火车去前面一站的伯尔尼，找中国大使馆，看看能不能有个招待所可以住一晚。到了首都伯尔尼，已是冬天晚上的八点多钟，两人互相壮胆，

图12-2　日内瓦沿湖景观

图12-3　日内瓦湖旁的铜雕

摸到了中国大使馆，敲开门一问，他们没有招待所，还是要我们住旅馆，我们就说在使馆客厅里过一夜，门房就说，还是等教育参赞来解决吧。等了 10min 以后，门卫说参赞在开会没空，参赞的夫人来接见我们，他们原来是复旦大学外办派来的，我们说明了来意之后，她把我们领到了他们的宿舍，给我们安排了一间空房，真是吉人自有天相，晚上参赞回家也没有惊动我们。第二天一早我们就起来准备告别了，他们还非要留我们共进早餐，除了感激之外，也感到有一股亲人般的温暖。早餐期间我们也话了些家常，谈了一些他们在国外工作的一些苦楚，这可能是一般人所不能理解的。

我们告别了中国大使馆，两人就到街头找了一家 Visitor's Center（游客中心）拿了一张免费旅游图，这在欧洲一般城市都有。先逛了逛伯尔尼古城，虽说它是首都，但一点都没有首都的气派，城市大街上两边都是四五百年的老建筑，相当于我们明代的房子，由于都是砖石建造，现在保存都很好，古色古香。联邦议会大厦与政府大楼都在城外的新区，自成一体，与市区分离，他们的建筑风格属于早期现代建筑，还比较端庄。接着我们就乘车去了洛桑，那是闻名遐迩的奥林匹克运动会的总部办公所在地，城市也是以传统的建筑为主，市区的新建筑比较少，而一些新建筑都集中在沿湖的周边。奥运总部也在湖边，是现代风格的一组建筑，门前的大雕塑是一处动感的雕像，很吸引人注意（图 12-4）。

图 12-4 洛桑奥委会前的雕像

■ 考察苏黎世

回到苏黎世，在下一个周末我们就在当地徒步旅游，倒也有一番情趣。瑞士是一个内陆国家，它没有海，但它有很多的湖泊和河流，全国丘陵起伏，很少有平原。苏黎世也不例外，它就是在苏黎世湖口建立起来的，一条林马河从它的城中间穿过，城市就建设在河流的两岸相对平缓的地段，然后沿着河岸向两边山坡上延伸。整座城市没有多少高层建筑，只有高高的尖塔，尤其是教堂的钟楼更是秀丽（图12-5）。瑞士是基督教的新教区，大多数的教堂是基督教新教的场所，但在林马河通向苏黎世湖口的北岸仍有一座古老的天主教教堂和修道院，它大约是在1078年建造的，还保持着罗马风的风格（Romanesque Style），教堂前有一座雕像是1489年后建的（图12-6）。苏黎世的新教教堂大多数比较小，但数量多，分布也很广，从山坡上向下望去，到处都能见到一座座形式各异的钟楼与尖塔耸立在一片屋顶之上。夜幕降临之时，各处飘来的晚钟悠扬之声更使人陶醉。新教教堂的风格多半是19世纪的新古典风格。简洁明快，倒很有生活气氛。就在一个老的居住区中偶然见到了一处房子的墙上挂了一块牌子，上面写着这里曾经是列宁在俄国十月革命前居住过的地方，现在也作为文物来保护。在瑞士，除了感到建筑精致，瑞士人工作认真之外，人际交流也很准时，例如你约好9点，到时间就会准时敲门，不早也不迟，就像钟表一样，德国也属于这一传统。而法国、意大利这两个国家都是浪漫主义传统的国家，对时间的概念就完全不同了，从瑞士寄一封信到德国只要头尾三天，要是寄到意大利就要一个星期，工

图12-5　苏黎世沿河景观

图12-6　苏黎世街景与天主教堂

作效率相差甚大。瑞士居民的生活福利很好，治安非常好，有些孩子把童车或自行车就丢在门口过夜也没有问题。在瑞士的现代居住建筑中基本还是保持二、三层的传统，五、六层的就很少了，只有在主要街道的沿街住宅，他们会把上面一层做成坡屋顶的形式，上面开老虎窗以表示和传统风格协调。住宅里，家家户户都会在阳台上种有各种花卉，连成一片甚为有趣，如果有一户空着，那肯定就是空房。

　　到瑞士访问的建筑学人就不能不想到著名的现代建筑大师勒·柯布西耶（1887—1965），他就是从瑞士的一个小镇走向世界的。一般人都知道他是法国建筑师，其实他是于1887年10月6日出生在瑞士的拉绍德封（La chaux-de-Fonds），少年时代曾在家乡的钟表技术学校学习，对美术与建筑感兴趣，毕业后曾到布达佩斯、巴黎、柏林学习建筑，并得名师指点，1913年柯布西耶回到家乡拉绍德封开办了自己的建筑事务所，1917年他才移居法国，1930年加入法国籍。柯布西耶是一位天才的建筑师，也是一位颇受争议的建筑师，他的作品繁多，建筑思想活跃，著作影响颇大，是一位多才多艺的建筑师与艺术家。他在瑞士现存的作品中，比较容易参观的可以在苏黎世的大公园中看到，是他在二战后为一位业主在公园的一角建造的一座小别墅，地上共有两层，地下一层，有天窗可以采光。建筑造型是一个标准的立方体，用几种颜色的预制板做外墙，就像是一个大积木，底层是公共活动空间，包括厨房、餐厅、客厅、客房等等；二楼是卧室和私密空间；地下空间是作为储藏室等等杂用的地方。住宅周围没有围墙，也不设庭院，整个公园就可以算是住宅的大庭院，虽然业主曾有设围墙的愿望，但不合城市法规要求，只得作罢。建成后，一些柯布西耶的粉丝和建筑院校的学生纷至沓来，每天都有不少人前来参观访问，虽然可以不作接待，但是在周围参观是无法拒绝的。无形中，这一小小的别墅就像一处动物园的笼舍，每天被人围观，大大影响了住宅主人的正常生活。所以最后住宅的主人只好将自己刚建好的别墅捐给当地政府供开放参观，并将名称改为"勒·柯布西耶西耶展览馆"，里面还布置了少量有关柯布西耶的一些其他小型作品（图12-7，图12-8）。我有幸亲自去目睹了这座不太出名的柯布西耶作品，其实它的理论和风格还是一

图 12-7　苏黎世勒·柯布西耶展览馆　　　　　　　　图 12-8　苏黎世勒·柯布西耶展览馆细部

致的，给人看后总是有一种冲动和难以平静的联想，至于柯布西耶的思想与代表作品这里就不再赘述了。

　　谈到柯布西耶，还有一次看到他的原作展览，那好像是在苏黎世博物馆的展览室里，这是为了纪念勒·柯布西耶西耶诞生 100 周年而举办的。展览室里陈列的主要是他早期在瑞士创作的一些建筑图纸，都是 0 号图纸大小，墨线图画得十分工整，字迹也写得十分标准，说明他在早期还是苦练了基本功的，不是一开始就走抽象的道路，所做的建筑也是在 20 世纪早期流行的新古典建筑形式。至于后来他为日内瓦联合国会议中心的老楼所作的未中选的方案，这次没有展出。我想这也和中国人要学行书，先要练正楷字体一样，这是练基本功的一种基本规律，也像在艺术创作之前要先学习基本的素描一样，从这里可以让我们知道要创新也是需要有一定基本功的。

　　1987 年 10 月左右，我到苏黎世的意大利领事馆和英国领事馆去签证，结果英国签证花了 4 天，意大利签证花了 8 天，这也说明两个国家的工作效率很不相同。其实两个国家都是有邀请函的，只不过是进行核实而已。

13　访问图恩与卢塞恩

　　我们旅行团一行人在 2004 年暑假从日内瓦东行经洛桑、伯尔尼，到下午就在小镇图恩休息，这是瑞士风景绝佳的旅游胜地，周围有雪山、森林、湖泊、原野、乡村小镇、封尘已久的修道院、古老的乡村小教堂（图 13-1，图 13-2），置身其境，真是心旷神怡。大队人马都跟着主流人群坐缆车上雪山观景去了，我和少数年纪大一点的老师宁愿在山下品赏这难得遇到的美景。我们先到了一座规模不小的天主教修道院，里面空空荡荡的，只有少数几个神职人员在门口一个接待室里，兼卖一点旅游产品和修道院的简介。据说这座修道院原来是欧洲神职人员的主要输送地之一，后来由于新教兴起，加上近现代人们思想的世俗化趋向日益增强，导致了欧洲人来此进修的愈来愈少，原来可容 200 多人的宿舍与教室，现在还不到 20 人左右，甚至不得不到第三世界招募生源。修道院是一个大合院，建造时间大约是在 17—18 世纪前后，外观基本上还保持着古典的立面。里面有一个小教堂，基本上是巴洛克的，外表比较简洁，室内天顶画仍表现了巴洛克绘画的豪华动态风格（注）。

　　在一片林地的旁边有一座典型的欧洲乡村小教堂，它原建于 762 年，由于是木构体系，到 1300 年已经年久失修，只得进行重建，基本上还保持着原来的木构教堂的风格，内部有些主要的梁柱还保留着原来的构件。这座教堂现在是白色粉刷的外墙面，红色的瓦顶，教堂本身的大体量与

图 13-1　瑞士图恩乡村小教堂外景

图 13-2　瑞士图恩乡村小教堂内部

121

相对小巧的钟楼相错衔接，钟楼下部还有意向外铺开，犹如是从地下生长出来一样，虽然这是一种极简单的体型组合，却表现了沉稳和古老的情趣，高高的尖塔也多少受到了一点哥特风格的影响。它是一幅优美的抽象构图，与周围林木组合在一起更是一幅漂亮的风景画。人到了这里，只要虔诚就可以洗去一切烦恼。离小教堂不远的地方便是小镇的街市，在较开阔的地方也有个别旅馆。小街上的建筑大部分还保持着半木构的中世纪建筑外形，地方风格非常明显。

第二天我们去了卢塞恩，著名的莱茵河从城市中流过，为了两岸的联系，自古就在河上建了一座木制的廊桥，20世纪初不慎遭受火灾，大部分廊桥被毁，但残存的三分之一仍与重建的新桥融为一体，保持着原貌。这座廊桥，既是一处通道，也是一处城市的花环，在廊桥栏杆两边都布满了各色鲜花，一年四季不断，加上下面清澈的莱茵河水缓缓流过，好像是组成了一首美妙的声画并茂的风景诗（图13-3）。

图13-3 瑞士卢塞恩之花桥

图13-4　瑞士卢塞恩教堂之一

在河流的两岸各有一座大型的教堂，他们大约都是17世纪左右建造的，在南岸的一座教堂，夹在街道之间，外立面简洁，两座钟塔是方锥形的尖塔，高耸挺立，仍保留有哥特型制的遗风。但在正中间的山花上已有一些小的曲线装饰，反映了它已是巴洛克的作品了（图13-4）。在中欧一带，大部分巴洛克建筑都是外表朴素而内部豪华，这座教堂也不例外，到了内部一看，铺满了的天顶画，动态的构图与鲜艳的色彩，完全使你耳目一新。在北岸的一座教堂，它的规模略微大些，好像是一座天主教堂，正立面上两座钟塔的顶部都已改成葫芦形的外观，其巴洛克的风格已是不言而喻了。教堂内部的天顶画与圣坛上的装饰既豪华艳丽，又富有曲线的动态感，表现出一般中欧巴洛克教堂的典型风格。过去我们只是在书本上看过巴洛克的绘画，在学院派风行的20世纪前期，巴洛克被认为是一种离经叛道的风格，今天它已被平反了，它的生动活泼与创造性已令人陶醉。如今的卢塞恩老城在莱茵河的北面，大部分建筑仍保持着17—19世纪的遗物，还有少数公共建筑还保持着15—16世纪的遗构，粗壮的大石块外墙往往会勾引你思古之幽情。在莱茵河的南岸由于城市发展的关系，新建筑已不断出现，现代派的建筑风格已随处可见，其中尤以卢塞恩艺术博物馆是新建筑的典型作品，大片的玻璃幕墙与钢结构的外露骨架好像已是另一个世界，由于两种风格有一河之隔，倒也不觉得有什么冲突，反而增加了一些情趣。卢塞恩是瑞士的一座旅游胜地，不论是山水、景观、古建筑还是新建筑都会使你感到不虚此行。

注：

欧洲的天主教修道院实际上是教会培养神职人员的一所学校，但是制度极其严格，凡是想要从普通神职人员升为神

123

父与嬷嬷的人，都需要通过修道院的经历。据说一般学制 3 年左右，也要根据各人的基础学历而有所增减。在学期间每人一间房，包括生活起居与工作都在里面。

学习有集体的上课和自修，平时还安排大量的劳动，例如木工活、纺织活、零件加工活、编制活等等。有时也会安排到原野种植蔬菜。白天、晚上都会定时敲钟要做祈祷，每次 10min，尤其是半夜 12 点的祈祷更是一个考验。修道院的宿舍中间是一个大庭院，周围一圈房子，外面有一圈走廊。每间房与外廊的墙壁间有一个送饭孔，大约只有 30cm 见方，送饭人和修士、修女是不能见面的。早晚洗漱均在室内，洗澡定时安排，膳食也很清淡。而且最后还要通过学习与生活考核，将来也不能成家，终身要做上帝的仆人，听从教会的派遣。这就是所谓清教徒的生活。看来要想度过这一段经历确实不易，难怪现代的欧洲青年越来越少有人去做修士、修女了。许多修道院现在都已内部空空，只有极少数虔诚者在坚持着这一传统的习俗，许多天主教堂都感到高级神职人员青黄不接。修道院毕业后才能成为修士和修女，然后再经过若干年的锻炼才能升为神父和嬷嬷。

14 访问意大利

■ 罗马

我到意大利访问是1987年11月从苏黎世直接乘飞机到罗马的，然后打算再从罗马乘火车一站站往回走到瑞士。到罗马是应邀访问罗马大学建筑学院，他们的院长已派了有关教师到机场来接我，来的教师正好也是从美国留学刚回国的，可以说一口很流利的美国式英语。接到我后，从机场到城北宾馆的路上，我和他一路上交谈，并不时地看到了许多早已在书本上熟悉的古建筑，觉得很亲切，就不时问他有关那些古建筑的近况，他十分惊奇，反问我什么时候来过？我回答那是书本上熟悉的嘛！不知不觉到了终点，这座在城市北门外不远的旅馆，是一座中等规模的旅馆，靠大学校区较近，设备、服务还是比较周到的。放下行李后那位教师就走了，说好第二天早上8点半再来接我去学校。我看看时间，大约是当地下午3：00，我觉得还早，可以抓紧时间跑出去看看，于是从服务台要了一张导游图，并询问了如何乘公共汽车和买票事宜。有趣的是罗马的公共汽车票是在小杂货店里代卖，而不是在汽车上。我尝试着照办，并开始了自己的单独行动。我找了一路车可以到市中心区，然后从车站站牌上看看大约有几站，我虽然不懂意大利语，可是就凭着数几个站，我就下车了，结果还是有效

图 14-1　罗马西班牙大台阶

的。目的地是西班牙大台阶和幸福泉（图 14-1），我带了相机拍了一些照片，又到周围逛了逛，不知不觉天色已晚，我又到一家小店去买了点晚餐吃了，总算初次出征还比较顺利。

就在夜色降临之时，我又看到西班牙大台阶上聚集了许多人，就像是在观看什么表演，我也被吸引了过去看个究竟。原来是有十几个年轻人在演奏爵士乐，他们的头发都修剪成了鸡冠状，有些人脸上还涂着有种浓彩，白的、红的、蓝的都有，衣服也故意有点破烂，但他们演奏的乐曲却有板有眼，十分正规，虽说是免费演出，也不失为是一次盛宴。我问周围的人这是什么意思？他们告诉我，这些人叫"朋克"，是一些青年人表示对社会的不满，而借音乐来抒发。接着我看看时间确实不早了，该赶快找车回去了，于是我开始寻找回去的那条公交路线，奇怪的是只有来的车，没有回去的车，原来是单行线。这下子我急了，只好去求助于警察，没想到罗马的警察英语居然如此糟糕，讲了半天，才大致了解了我的意图，漫不经心地指着另一条街，意思是可以到那条路上去找。我顺着他指的路去找，果然找到了那条线路的公交站点，我不假思索地等车上车，但是看看车开的方向和我来的方向大体一致，我开始怀疑了。刚刚过了两站有几个加拿大的旅游者上来，我就问他们我走的方向对不对？他们回答说："你走反了，越走越远。"于是我赶快下车，重新另找站台，这次我不敢再盲目相信警察了，看到正好有几个大学生走来，我可以不费事地和他们用英语交流，他们很热情，并把我送到了正确的站台等我上了车才走。等我回到原来出发的车站时已是晚上十点多了，街上漆黑没有一人，好不容易才忐忑不安地摸回了旅馆，也算是一次难忘的经历。

在旅馆客房里贴着条子明确每天小费1美元，同时上面还说要关闭窗户，以防治安问题。第二天早上我放了小费，并随前来的罗马大学教师到了建筑学院，先拜见了院长，他十分热情，寒暄了一番之后，他说安排这位教师全程接待，有什么问题都可以找他。他已安排了两次讲座，今天上午一次，隔一天上午再讲一次。第一次是中国古典园林，包括皇家和私家园林；第二次就是宫殿与坛庙。我们9：00前准时到达教室，幻灯已由助教安放好了，看看时间已到9：05，偌大的教室里只有十几个人，我想这回可惨了，要等到什么时候呢？那位教师就告诉我，不管学生，你就先开始讲起来，接着就看到学生陆陆续续涌进来，不到10min，居然整个教室都坐满了，大约有200多人，讲完后受到热烈的反响。那位教师后来跟我讲，只要你不先讲，永远等不到学生，前面学生等了一会儿他们也会走了，这就是罗马大学的实况记录。讲完后，顺便和他们院长谈谈，院长说，罗马大学建筑学院大约有1000左右的学生，淘汰率很高，进来容易，出去难，第一年设计课要硬性有30%的不及格，这批人只能等下一次再进入那70%才能升级，否则就转系。第二年还要有30%不及格，第三、四年还要有10%不及格，最后最多只有30%～40%的人能毕业。他们各门科目的考试也都是有固定不及格的比例，不是都及格皆大欢喜，而是有强烈的竞争机制，所以考试是不用教师监考的，学生互相监考已成习惯。这是他们的制度，和中国的考试制度完全不同。

下午，那位陪同教师陪我去参观了著名的万神庙（The Pantheon，Rome），虽然地图上有标注，但找起来还不太容易，因为罗马城大部分街道还是保持着中世纪时的格局，只有一部分改造后可以通公共汽车，有的小车都不能走。那些小路的路面还是原来的石子路或石板路，不是无钱修路，而是为了要保持原貌，要现代化可以到新街区去建设。万神庙在几个小街的连接处，门前有一个小广场（图14-2）。古时门前的大阶梯已不见了，只有很矮的踏步就可以上到大门廊内。从两侧的深坑中可以清楚地看到这座辉煌的神庙经过一千多年的沧桑，周围已堆满了近3m高的土层，以致原来的大台阶都被土层给覆盖了，气势显然打了折扣。前面的一座埃及方尖石碑也不知什么时候从埃及抢来放在这里的。万神庙是古罗马时代的重要遗物，建于公元120—124年，神庙面对着广场，坐南朝北。神庙的平面可分成两部分，门廊由前面8根柱子与后面两排8根柱子组成，台阶宽33.5m，深18m，后面是圆形的神殿。门廊柱高14.5m，白色的大理石科林斯柱头，红色花岗石的柱身，用整块石料制成。圆形的神殿，内部直径43.43m，墙厚为6.2m，上面覆盖着半圆形的穹窿顶，顶端距地也是43.43m，正中有一个直径8.9m的圆形大天窗，是唯一的采光口，穹顶是用叠涩砖和浮石作填

图 14-2　罗马万神庙外景

128

料的混凝土混合筑成，这是古代规模最大的圆顶建筑，也是建筑史上的一座丰碑，但是要想恢复它原来的环境也不大容易了（图14-3）。同时，我还特别注意了雨水落下后如何从内部排出来。原来是在室内地面中间有一块铜板镂空，水流入后经下水道排出。这说明在近2000年前的古罗马已有了这么先进的技术。

第三天自由活动，我就在旅馆里预订了一张去参观埃斯特别墅（Villa D'Este）的来回旅游票，它在罗马东郊的蒂沃利（Tivoli）小镇上，据记载是建于1550年，建筑师是利戈里奥（Pirro Ligorio）。蒂沃利是一座古镇，早在古罗马时期就曾是皇帝的避暑胜地，西距罗马29km，位于萨比尼山（Monti Sabini）西坡，旁邻阿尼埃内河（Aniene）。这里不仅气候宜人，而且山水秀美，景色天成，因此到文艺复兴时期，许多贵族富商也继前人在这里大造别墅花园，成为一时之风，其中最有代表性的就是埃斯特别墅，目前仍保存完整。在前往蒂沃利的旅游车上，导游是一位非常精干的女士，

图 14-3　罗马万神庙内景

从开车起她就先后用意大利语、英语、法语、德语四种语言向游客作介绍，讲解这处名胜的历史与特点，最后走到我的面前笑着对我说："很抱歉，我不会说中文。"我说："没关系，我可以听英语。"据说她是罗马大学旅游系毕业的，说几种外语就是他们的基本功，现在都要持证上岗。在意大利，旅游业非常发达，可能在世界上也算是顶尖的了，服务项目与方法都比较完善，在各个旅馆里，都有各种旅游线路的预订，可以足不出户，第二天就能有车来接你到旅游中心，然后再转分到各处旅游景点的专车上，回来时再以同样的方式把你送回，这种经验也值得中国参考。别墅位于小镇上的高岗上，经过一个柱廊围绕的庭院便到达了面对园林的三层主体建筑，这便是别墅部分。别墅北面是一个大型的花园，大约有 200m×265m，外形大致呈方形，这比中国一般的私家园林面积要大多了。花园沿着山坡向下延伸，正中间有一条大轴线，较宽大的石板路呈七层阶梯状，各层间有宽大的平台过渡，每层内还有小园林。总体园路布置呈几何形，是意大利文艺复兴时期规则式园林的典型例子。从主楼向下望去，可以俯瞰全园景貌，这种布置手法正好和中国园林布置原则相反，也是中国园林所忌讳的。中国园林强调自下而上循序展开，而意大利园林则强调先鸟瞰全貌再细细品味它的细部，现在看来各有各的趣味，尤其是在别墅主建筑门前往下望去，不仅可鸟瞰全园景色，整个罗马原野也尽收眼底（图 14-4）。

埃斯特花园内的植物大都是以常绿树为主，一年四季不会有太多变化，许多灌木常修剪成规则形。园内水景比较突出，是其一大特色。在最上层的轴线中间有一处水风琴，因年久失修，今日已失去了昔日的风采，可惜至今也没有人敢轻易检修，唯恐修理失败造成遗憾。水景中最普遍的是到处可见的大、小瀑布。园内西侧还设有一条百泉路，小路旁百泉涌流，自然之趣甚浓。园林东侧的围墙边还有一座引人注目的女神立像，被称之为"自然之泉"，是神话中的多乳房女神，从身体上喷射出一条条清泉，隐喻着用乳汁哺育着亚平宁半岛的民众。在园内的各个道路交叉口都可以看到或大或小的喷泉或涌流，最高的可达几十米，此起彼伏，生动壮观。尤其有几处集中的泉池，瀑布从柱廊顶上倾泻而下，更是画龙点睛。园林中还有一种特色就是雕像应用很多，这是和中国园林的明显不同，也表现了它的雕刻艺术的高度水平（图14-5）。

对比中国古典园林，西方在理水和雕像方面则成就更为突出。在理水方面，中国以静水面为主，意大利园林则以动态水面为主，并辅以宽阔的静态水池，二者兼顾。在雕像方面，西方是以人像作为园林中不可缺少的点缀，而中国则常常以假山、石峰等自然物作为抽象隐喻。在总体布局方面，原则也是相反的，当然各自根据各地特点与文化传统，各有各的审美情趣，自然也就各有千秋，很难评判优劣了。我曾研究中国园林多年，当时再接触西方审美新情趣，不仅是一种挑战，同时也是启发我多元思维的一针清醒剂。意大利文艺复兴时期的规则式的园林布局理念，不仅在15—17世纪的整个意大利得到普遍发展，而且，这种理念也直接影响了17—18世纪法国等欧洲大陆国家的主要造园活动，法国的凡尔赛宫园林就是最显著的一例。

在埃斯特别墅不远的镇上，还保存有古罗马时期哈德良皇帝的离宫，这是一处大型的皇家宫殿与园林结合的实例，规模巨大，目前遗址仍清晰可见。据记载它是在公元2世纪陆续建造的，既保持了罗马皇宫的壮丽，又兼有自然环境之趣，建筑群内包括宫殿、宴会厅、餐厅、私密的别墅空间，还有供

图14-4　罗马蒂沃利镇埃斯特花园主景

图14-5　埃斯特花园雕像与瀑布

娱乐休闲的园林、柱廊、水池、泉景，以及小型的健身场、图书馆等等。柱廊和水池多相依而设，柱廊围绕着水池，在长方形的端头往往做成弧形，柱廊上面也做成古罗马晚期的半圆形状，与环境相得益彰，在半圆形拱下面还间隔点缀着一些石雕神像，异常生动。现在，建筑虽然已大部分损毁，但从遗迹中仍可看到一些当年的华贵之风。整个离宫建筑群呈不规则组合而成的"Z"字形平面，大体呈由北向南升起的态势，各组建筑都是布置在丘陵起伏之间，与地形结合紧密。主入口大致是设在整个离宫建筑群中部偏西的方向，这里便于和从罗马来的大道相连。现在，游客仍然络绎不绝，纷纷来凭吊这处值得鉴赏的古罗马遗产。

第四天上午，我继续到罗马大学建筑学院作讲座，题目是"中国的宫殿与皇家园林"，幻灯片中的鲜艳色彩和大面积的建筑群，让学生们惊讶地感受到了东方神秘的建筑艺术魅力，由此也引起不少学生的兴趣，准备以后一定要去中国旅游参观。下午，继续由那位陪同教师陪我去了古罗马的市中心广场遗址，以及大斗兽场（Colosseum，图14-6）和凯旋门（Roman Arches），

图 14-6　罗马大斗兽场

同时也参观了米开朗琪罗（Michelangelo）设计的卡比托广场（Piazza del Campidoglio）一组建筑，这是一组文艺复兴时期的建筑群，现保存完好，而古罗马的广场与斗兽场则只能看到它的残存遗址，但其规模的宏伟与造型艺术的华丽仍让人叹为观止。就在我参观斗兽场时，前面有一队日本游客集合走了，附近一个好心人提醒我说，你们的队伍走了。我看了一下，笑着对他说："谢谢你的好意，我是中国人，不是日本人。"接着他也笑了。罗马可参观的东西太多了，整个罗马城可以说就是一座大的露天博物馆。

第五天又是自由活动时间，我去参观了市中心区的圣彼得大教堂和梵蒂冈教皇宫。我们先到梵蒂冈参观，正好遇上星期日上午的免费参观，人山人海，毫不逊色于中国节假日的旅游区。梵蒂冈城门口有两个警卫，据说都是世界各国来轮流值班的。梵蒂冈教皇宫全国只有一个邮局，因此排队寄明信片的人也密密麻麻一片。全国也只有两个警察，没有军队。梵蒂冈里面的展廊内两侧基本上都布满了各种雕塑，可说是目不暇接，加上参观的队伍就像游行队伍一样，连你想拍个照片都感觉非常困难。最令人难忘的是教皇的西斯廷小教堂的内部，它的壁画与天顶画，是米开朗琪罗和他的弟子花了几年工夫才完成的，其艺术魅力确实给人以强烈的震撼，使人久久不能平静。

到了室外，就去参观了圣彼得这座世界上最伟大的天主教堂（图14-7），文艺复兴古典的外形，宽阔的内部空间，同样显示了它超人的精神感受。到广场时，正值中午12：00，教堂的钟声响起，瞬间广场的游客全部都跪下不动，一声不响，忽然听到教皇从他的三楼窗户中用麦克风向全世界祝福："愿世界和平、幸福！"等等，说完了之后，广场上一片欢呼。当然，我们这些游客也只能入乡随俗了。

当旅游车把我们送回游客中心时，我看时间还早，就没让他们把我送回旅馆，而是决定独自去看一些建筑史中的典型建筑。我找到了巴洛克最早的作品，巴洛克的典型例子——圣卡罗教堂（S. Carlo alle Qnattro Fontane），可惜这座教堂当时在维修内部，只看了外观，内部进不去。同时，我还找到了法尔尼斯府邸等等，在罗马可看的东西实在太多，除了古建筑，还有一批新建筑值得参观，只能挂一漏万地尽可能地到处搜索，好在最主要的都看到了。末了，在回去的路上，还幸运地路过了祖国祭坛，就是所谓的伊曼纽二世纪念堂，气势非常宏伟，虽被建筑史书评为折中主义，但也可以说是一件杰作。

图 14-7　罗马圣彼得大教堂

　　另外，奈尔维（Nervi）的大、小体育宫也是罗马新建筑的佼佼者，都是为 1960 年罗马奥运会而修建的。大体育宫是由结构工程师兼建筑师奈尔维设计的，建于 1958—1959 年，可容纳 16000 人，平面为圆形，屋盖直径达 100m，圆顶、大看台、回廊和边柱均由混凝土预制装配而成。整个圆形建筑的薄壳圆顶与其他装配构件组成了一幅技术与艺术结合的华丽篇章，远远望去，轻盈剔透，显现出十足的技术美。城北的小体育宫建于 1957 年，是由建筑师维特罗齐与结构工程师奈尔维合作设计的，圆形平面，也是一个预制拼装的钢筋混凝土屋盖，以致外立面看起来像是一圈 Y 形花边围绕，而内部顶棚更像一朵盛开的葵花（图 14-8）。意大利不愧是混凝土的故乡，自古就有许多杰出的成就，如今仍保持着世界先进水平的地位。

图 14-8　罗马小体育宫

　　第六天上午，罗马大学教师来旅馆为我结了账，并送我去了火车站，我接着就去佛罗伦萨考察。其实，罗马火车站也是一件新建筑的佳作，设计人也是著名的奈尔维，新颖的外形与大悬挑的屋檐都给人以深刻的印象。

■　佛罗伦萨

　　到了佛罗伦萨火车站，也有人来接我，她是一位佛罗伦萨大学国际城市建筑研究中心的女秘书，她把我送到了郊区的大学内部宾馆，在一座小山丘上，环境十分幽静，只是太偏僻了一点，在上山路口的旁边有一座医院，这也可以作为一个定位的标志性建筑吧！然后，她告诉我如何乘公共汽车以及第二天如何到学校去作讲座。

第二天一早，我用完早餐，乘公交车到了佛罗伦萨大学校本部，找到了国际城市建筑研究中心，先见到了那位女秘书，然后她就带我去见了研究所的所长兼研究中心的主席。到9：00，我作了讲座，效果还不错，进而又安排第二天再作一次讲座。在讲座之余的另外两天，这位秘书就陪我参观了市中心广场（西诺拉广场）和周围的凡奇奥宫及兰茨廊。廊内文艺复兴的雕像和凡奇奥宫门前的大卫像（注：此为复制品，原作已移至博物馆内），动态的姿势和优美的体形简直令人流连忘返（图14-9）。在离广场不远的地方就是著名的圣玛利亚大教堂（Florence Cathedral），它的大穹顶被称为是文艺复兴的第一朵报春花，是由杰出建筑师伯鲁乃列斯基（Filippo Brunelleschi）设计建造的，是建筑史中的典型实例。从佛罗伦萨周围的小山丘上就可以远远眺望到这座大教堂的穹顶和凡奇奥宫上面的钟楼，一片红瓦之上突出几处点缀，也颇感生动活泼（图14-10）。

在兰茨廊和凡奇奥宫之间有一条小街叫作乌菲齐街，街边是著名的乌菲齐博物馆，里面陈列有达·芬奇、米开朗琪罗、拉斐尔等人的著名画作，地方虽局促，但其名贵价值却在欧洲占有重要位置。

图14-9　佛罗伦萨市政厅广场

图14-10　佛罗伦萨大教堂

我们还专门去参观了佛罗伦萨市区的几处大型府邸，也同时去郊区参观了美第奇家族的别墅和花园，这些都是早期文艺复兴建筑和园林的代表，具有典型的几何形平面和常绿树的布置。一般特点是将别墅布置在山坡高地上，花园在前面层层向下展开，园林地面都是用砂石或木屑铺装，为的是雨后可以尽快排水，并不污染环境，剖面也是多半呈台地园。在装饰方面，虽然也有一些雕像，但比起罗马要少得多了，反映出来的是早期文艺复兴的简朴之风。

　　佛罗伦萨在14、15世纪时是欧洲的工商业集中地，经济非常发达，因此催生了整个城市在经济和文化方面的变革。世界上最早的银行与银行资本家就是在佛罗伦萨产生的，同时，佛罗伦萨也在文化方面成为欧洲文艺复兴的摇篮。当时的思想倾向于人文主义，反对神学，这也是为什么建筑倾向于人文主义建筑与文艺复兴古典形式的原因。当时古典意味着民主共和，象征着希腊古典民主时代，文艺复兴时代的思想家、哲学家、建筑理论家都空前活跃，这也为文艺复兴建筑文化奠定了基础。

　　在佛罗伦萨阿尔诺河右岸（注），有一座大型府邸叫作庇蒂府邸（Palazzo Pitti），建于1435年，靠着小山坡，府邸是在靠近道路的一边，后面就是逐步上坡的波波利花园（Boboli Gardens）部分，府邸中间的大庭院直到1568年才完成。庇蒂府邸是意大利除了梵蒂冈以外最大的府邸，主人卢卡·庇蒂（Luca Pitti）是一位当地的大富豪，也是统治者美第奇的好友。当时的意大利处于分裂状态，就像古代希腊那样，都是各自独立的城市国家，如佛罗伦萨、米兰、罗马、威尼斯等等，他们都以经济繁荣与文化兴盛而称霸一方，但是文化思想的相互沟通却逐渐形成潮流，文艺复兴运动就是在这一基础上形成的。佛罗伦萨既是文艺复兴的诞生地，也是早期文艺复兴文化的中心，许多典型建筑实例都集中于此。庇蒂府邸的规模与波波利花园的布置都体现了豪华的气魄，花园用规则式的轴线向上延伸，上面有巨大的长方形水池和周边的小喷泉，水池中间还有大型喷泉作为主导，最后以一座简单的长方形单层建筑结束。在轴线两边还有一些步行小林荫道与花架、雕像，整组建筑群与花园充分表达了理性的庄严华贵。

　　在波波利花园的山冈上可以鸟瞰整座花园和府邸的全貌，也可远眺整个罗马城市的全景，大片米黄色的墙面，鳞次栉比的红色瓦顶，间隔突出的塔楼与穹顶，构成了一幅典型的欧洲城市风景画。整个城市古色古香，主城区没有什么新建筑，道路也仍保持着15—17世纪的原貌，但却给人以深刻的文化享受。

佛罗伦萨是意大利中部的一座文化名城，相对比较平静，不像罗马城那样混乱，记得在罗马火车站，我亲眼看到过中国旅行团被抢的情形，那些十五六岁的孩子就公开抢旅行者的箱子和手提包。这个旅行团总共是八个人，好像是某公司来意大利采购机械设备的，七个正式代表，一个翻译，五男三女，他们下车后就把行李集中在路边一角，由三个女士看管，五个男士去找出租车，谁知就在这时出事了，等男士们转身过来已经晚了。警察只是在远处摆摆样子，吆喝几句，被抢走的东西很快就无影无踪，令你尴尬不已，只能顿足捶胸，尤其是少了护照，真叫人难过，最后，这些刚到罗马的中国人不能先去旅馆而是要先去中国大使馆求助了，这一幕对于那些在国内过惯了安定生活的女士们来说尤其值得警惕。在佛罗伦萨大学的宾馆里，却是另一番文明的气氛，卧室内留下的小费，服务员居然不要，还客气地说："谢谢，不用。"这也同样留给我很深的印象。在佛罗伦萨大学作讲座的时候曾遇到了一位中国的访问学者，居然就是南京工业大学建筑系的教师，名叫吴骥良。他乡遇知音，显得格外亲切，晚上，他邀请我到他宿舍吃了他亲手做的两道家乡菜，觉得特别开胃，后来他回国曾当了该系的主任和院长，但听说2010年不幸英年早逝，非常可惜。

■ 威尼斯

第四天一早，我告别了佛罗伦萨大学城市研究所的老师，找了一趟合适的火车直奔威尼斯。这趟火车是普通列车，破旧拥挤，跟中国的临时列车不相上下。好不容易到了威尼斯新站，可以在这座新城里住宿，也可以免费再转一趟短途车到威尼斯老城区。我决定前往老城区住宿，虽然明知那里旅馆会贵不少，但毕竟可以省去不少时间。到站下车后就在附近找旅馆，因为是冬天淡季，旅馆门口都打出了降价的牌子，我找了一家住下，价钱还能接受，因为房价几乎已打了对折。我放下行李，只带上相机和旅游图就出去了，乘上大运河边的交通船直接就到了最著名的圣马可广场（Plazza San Marco），这是向往已久的胜地，今日总算得以一见。由于是冬天，又有一点蒙蒙细雨，广场上游人稀少，冷冷清清地倒也可以仔细观赏她的真容。从入口广场到主广场，再到小狮子广场，一一进行了考察，还特意到南面拱廊里看了框景的特殊效果，然后我到广场上不禁大声叫道："我终于来了！"接着参观了圣马可教堂内部，里面光线比较暗，但是拜占庭时期的马赛克壁画仍然能显现出其夺目的鲜艳色彩。

　　圣马可教堂是广场的主体，外观已改为罗马风的面貌，并没有原来建造时的拜占庭建筑特征，但其豪华之风仍得到了充分的体现。周围的公爵府、图书馆、办公楼、钟楼都保存得很好，布置得那么的经典，就像是一曲持久的交响乐，永远回响在威尼斯的海湾。由于这座广场与建筑实在太经典，决定这次就看一个概貌，下次再找个长时间来重新细读。就这样，我带着有点遗憾的心情回到旅馆。第二天，预先买好了回瑞士的火车票，剩下几个钟点就徒步在威尼斯的小街小巷里游逛，漫无目标，经常会迷路，又经常会柳暗花明获得惊喜，我一边走一边就在想，下次再来，一定要再好好品赏与记录，写一篇美好的印象记（图 14-11）。午餐过后，我乘车打道回府，火车在

图 14-11　威尼斯里阿尔托桥

广阔的欧洲平原上奔驰，两旁青山绿水与田野果园，构成一幅幅美丽的风景画，漂亮极了！但是点缀在原野中的建筑却明显不同，意大利的民居比较破旧，而瑞士的则比较洁净新颖，经常还会有一些小尖顶做点缀。就这样，不知不觉地在傍晚时分就到了瑞士苏黎世，我回到公寓休息了一天，第三天一早就乘班机去了英国伦敦。

注：
　　许多欧洲的大城市都是沿河而建，河流两岸都习惯称为左岸或右岸，不称东岸或西岸，这是因为河流是弯曲的，方向是变化的，很难准确定位。因此就以河水流向为准，如果河水自南向北流，河的东面就称为右岸，西面就称为左岸，如果河水又转向西流，那么右岸就是指北面。此外，意大利城市的译名都是根据现有地图上的译名，多来自意大利文读音，如罗马不读英文读音的"罗姆"，要读罗马（Roma）。但也有例外，如威尼斯就是英文读音，没有读意大利发音的"威内齐亚"，这就是习惯译法所致。

15　访问英国诺丁汉大学

从瑞士苏黎世飞到英国伦敦，大约是在中午前抵达的，在盖特威克机场出境时，诺丁汉大学已有人在门口等我了。来人是一位建筑系高年级的男生，接到我后就马上和我商量了一下日程安排，下午先在伦敦市区参观，当晚乘车去诺丁汉。中午还去参观了白金汉宫门前的卫兵换岗仪式，天气好的时候，女王也会出来参加检阅，这种仪式已经是多年的传统，也是吸引外国游客的一道风景，每天去参观的人总是非常拥挤（图15-1）。18、19世纪，英国工业革命后，工业的发展使英国成为世界第一强国，海外殖民地与附属国遍及世界各地，被称为日不落帝国。到了20世纪以后，许多殖民地都纷纷独立，脱离了英国的控制，但是至今还是有不少国家保留在大英联邦之内，虽然国事可以自主，但英国总督仍然存在，例如加拿大、澳大利亚都是如此。参观完卫兵换岗仪式后，我们去参观了著名的高技派建筑——劳埃德大厦 [Lloyd's of London，1978—1986年（图15-2）]，它是英国建筑师罗杰斯（Richard Rogers）的作品，整个外形就像是一座大机器，表现出了强烈的技术美倾向，由于时间关系内部就没有仔细参观。然后又

图15-1　英国伦敦白金汉宫

图15-2　伦敦劳埃德大厦

去参观了市中心广场和圣·保罗教堂（S. Paul，London，1675—1710年），这使我们对在书本上早已熟悉的经典建筑有了更具体更深刻的印象，尤其圣·保罗教堂，它是英国古典主义建筑在17世纪最重要的代表作，设计人是克里斯托弗·仑（Christopher Wren，1632—1723）。教堂体现了理性主义者所追求的"最简单的关系"，简化了结构，比圣彼得大教堂的要轻巧得多。立面的比例也更接近市区内一般的民用建筑尺度，只是稍为提高一点，仍然显得重点突出。最后我们又专程去参观了国会大厦（又称威斯敏斯特宫，Place of Westminster），它是哥特复兴式的代表作品，大本钟是它重要的标志。广场上还立着英国前首相丘吉尔（Winston Churchiu）的雕像，却被鸟粪污染得一塌糊涂，颇有一点煞风景。边上著名的威斯敏斯特大教堂（Westminster Abbey）是英国哥特式建筑的代表作之一，建于13—5世纪，参观的游人与信徒络绎不绝，是伦敦的重要景点之一。临近黄昏之时，我们又迅速地游览了几条伦敦的街道，一般建筑的层数都不高，大部分是18—19世纪的遗物，20世纪的新建筑街区个体形象并不突出，而是强调与整个城市风格协调一致，平淡简朴，也很得体。伦敦周围的名建筑很多，但由于时间关系也不可能去一一参观了，天黑之时我们乘车去了诺丁汉，大约经过一个多小时到了目的地，接待我的男生把我带到了诺丁汉大学建筑系的一位教师加德纳（Alastair Gardener）家里，他曾经到南京工学院（现东南大学）访问过，是我接待的他，这次算是他还礼吧！他很热情，准备了晚餐，并让我在他家住了一夜。第二天一早，他就带我到了诺丁汉大学的招待所，是由一幢学生宿舍改造的建筑，内外都很简朴，但功能还比较完善，住在这样的环境里倒也很自在。诺丁汉大学的校园内到处是大片的草坪树丛，就像一个大公园，建筑系在校园的一角，规模不大，学生、教师都比我们南京工学院少，系馆也小一点，但是他们办学的质量还是挺高的。我被安排了两次讲座，仅有四天的时间参观，由于时间很紧，我只能抓感兴趣的内容，我选择了园林作为参观重点，因为英国园林是比较有名的自然式园林，也好和中国作一些对比。

在诺丁汉大学，除了加德纳老师陪同我之外，还有一位资深教师约翰斯顿先生（Johnston），他对园林很有研究，并写过一本《中国文人园》（*Scholar's*

Gardens in China），他也陪同我参观了一些园林。我第一个参观的对象是沃莱顿府邸与庄园（Wollaton Hall & Garden，1580—1588 年），在诺丁汉郊区，是英国早期文艺复兴的典型府邸，外观基本上是文艺复兴的古典外形，但细部还保持着许多中世纪的装饰，例如细烟囱、竖线条、小尖顶等等，说明它还处于过渡时期，虽然这时的意大利已经是文艺复兴盛期了。府邸相当气派，三层，主体为方形，四角各有一个角楼，内部正中是一个大厅，顶上布满天顶画，顿显华贵之风，门前有大型的石阶梯与平台（图 15-3）。府邸的前面是大片的草坪，府邸的后面是巨大的园林，靠近府邸的周围是精致的花园部分，远处则是大片的大树和草地，一望无边，远远地还可以隐隐约约看到许多鹿群和羊群，呈现出的是一幅幅生动美丽的风景画（图 15-4）。在近处的地方还设有一处温室，是 19 世纪初新建的，全部采用铸铁结构，上面是玻璃顶，顶下有许多细细的铸铁柱支撑，看起来它应该算是伦敦水晶宫的先驱吧！在英国公路两旁看到的都是大片的绿地，基本上看不到什么农田，原来英国的粮食主要是靠进口，以意大利和法国居多，本国则以牧羊和羊毛生产为主，以致英格兰原野特别富有诗意，很自然就会联想到许多小说所描述的那样，一些贵族或富豪乘着马车在自己的庄园中游玩，享受着大自然的乐趣。

图 15-3　英国诺丁汉沃莱顿府邸

图 15-4　沃莱顿府邸园林

图 15-5　英国纽斯特德
修道院园林之一

　　约翰斯顿先生还为我专门选择了附近的园林去参观，其中包括两种类型，一种是贵族的庄园，一种是修道院的园林。两种园林中，建筑部分的比重都不大，园林部分是主要的，这和中国私家园林完全不同，尤其是园林部分，其规模之大，堪与颐和园相比，但这些在17、18世纪发展起来的英国自然式风景园，其自然之趣都近似森林公园，大山大水，天鹅、水鸟嬉戏其间，漫长的园路与偏在一角的小教堂，的确是英国浪漫主义文化的思想基础。参观完这些园林之后，就觉得好像是去过自然风景区一样，留给我的是一股清新的自然之风，却又没有什么粗野之味。

　　例如在诺丁汉郊区的纽斯特德修道院（Newstead Abby）位于诺丁汉以北12英里处，始建于1170年左右，是一座哥特式的修道院和教堂，1539年被毁，仅留下一片教堂外墙和部分庄园遗迹，后改为贵族府邸与庄园，在19世纪时曾一度归诗人拜伦所有，现作为公园开放。庄园内秀美的花园，充满传奇色彩的大型湖面，大片碧草如茵的绿地，流线型的马车道，都能勾起人们思古之幽情（图15-5，图15-6）。

图 15-6　纽斯特德修道院园林之二

■ 参观温莎堡（Windsor Castle）

在英国，最激动的参观项目是温莎堡（Windsor Castle），在伦敦西面 22 英里处，原建于 1066 年，是为军事要塞而建的，后来经过王室的逐步改建、扩建，占地达 5hm²，成为王室离宫（图 15-7）。20 世纪以后，曾一度作为温莎公爵的住地，温莎公爵就是历史上有名的不爱江山爱美人的爱德华八世(1894—1972)，1936 年 1 月 2 日登基，1936 年 12 月 11 日退位，共执政了 325 天，是英国历史上执政最短的君主。爱德华退位后，由其弟约克公爵艾伯特王子继位，称乔治六世，赐予其兄爱德华八世"温莎公爵"称号。

在温莎堡内除了有多组王室建筑之外，还有大片的规则式园林，衬托着王室建筑的庄严华贵。在温莎堡南面是占地 4000 英亩的温莎大公园，过去是王室贵族狩猎的御苑，这里有森林、河流、湖泊、草地，一派乡村原野风光。女王及其亲属经常到温莎堡度周末，每逢圣诞节，王室成员也齐集堡内庆祝（图 15-8）。

图 15-7　英国温莎堡景观之一

图 15-8　英国温莎堡景观之二

（附录）温莎寻古[注]

有900多年历史的温莎城堡，在英格兰算是很难得的古迹，何况它离伦敦又不远，喜欢访古探幽的外国游客，总想前去发一番思古之幽情。

我从伦敦乘火车西行，36min后到了一个名叫"斯劳"的小站，在这里转另一趟车，只需6min就抵达了目的地。温莎车站的出口处，停着一辆豪华的皇家马车，金碧辉煌的车厢，高大健壮的骏马，还有那两个端坐在驭座上身姿伟岸的马夫，一律金丝饰带的红衣和白裤黑靴，一幅显眼的皇家气派。难道今天英国王室有哪位重要成员莅临此地吗？正猜测间，忽然注意到那马夫的表情和马匹的站姿，始终纹丝不动，再凑近端详——嘿，原来都是蜡像！

这是温莎游览点总体设计的匠心独运，不但让游客一下火车就有了照相的题材，激发了游兴，而且制造和渲染了一种氛围，让游客立刻感受到自己已踏入英国皇家居住地。一出站，抬头望见了山坡上那座巍峨的城堡，土灰色的城墙、城楼和中间那座惹人注目的圆塔在阴沉的天气，浅灰的天色衬托下，显得格外的凝重和神秘。

温莎城堡是1066年威廉一世始建的，这位国王原是法国诺曼底公爵，那年他率兵渡海，在英格兰登陆，打败了英军的抵抗，原国王哈罗德战死，英军投降，于是他加冕登基，成为英格兰历史上第一个诺曼人国王，自1066年至1087年，在位21年。

西欧诸国历史上曾先后出现过7个以"威廉一世"为称号的国王或皇帝，为示区别，后人给这一位加了个头衔，称之为"征服者威廉一世"。他在这里开始建造的是军事要塞，后经英国历代君主亨利二世、爱德华三世、爱德华四世、查理二世、乔治四世等先后改建、扩建，在白垩山形成了现在占地5hm^{2}的规模，成为王室邸宅或国宾馆。

注　见《中国旅游报》第1001期李海瑞的文章

那位不爱江山爱美人的爱德华八世，自愿退位后受封的爵号与此城堡同名，被称为"温莎公爵"，但他长期居留法国，只曾在此地短时小住。走近厚重石块砌成拱形的城堡大门，按照指示牌箭头的指引，首先参观圣乔治小教堂，这是15世纪爱德华四世为举行英国最高勋位——嘉德勋位授勋仪式而建造的，高耸的尖顶直指苍穹，占地不大却空间开阔，被誉为英国垂直式哥特式建筑的典范。因是王室教堂，小巧而精致，宽大的窗户和石拱顶下的饰件都十分讲究。欧洲许多国家有将历史人物葬于教堂的传统，作为皇室陵墓，圣乔治教堂仅次于伦敦的威斯敏斯特大教堂，包括现国王伊丽莎白二世的父亲乔治六世在内的好几代英国国王都长眠于此。

王室居住所有的接见厅、餐厅、起居室、更衣室、卧室等，房间数不胜数，顶棚上有带翅膀的小天使一类宗教题材的装饰画，硕大的枝叶吊灯，厚实的壁毯，英国历届帝后们的油画，以及路易式家具，这些都与西欧一些国家18、19世纪时的宫殿大同小异。……（李海瑞）

■ 参观米尔顿·凯恩斯新城（Milton Keynes）

参观完温莎堡回到了诺丁汉大学招待所，第二天约翰斯顿先生又带我去参观了英国第三代新城米尔顿·凯恩斯（Milton Keynes）。新城原是为了疏散大城市的人口而发展起来的，由于过去第一代与第二代新城的人口标准过小，只有5万到10万，对于缓解大城市的人口压力作用不大，因此自20世纪60年代开始，进行了第三代新城规划的探索，典型的例子就是这座新城。米尔顿·凯恩斯新城是自1967年开始规划的，位于伦敦西北80km，规划用地9000hm²，城市平面大体上是一个不规则的四边形，纵横各约8km，大部分地形起伏不平。此城规划理念的新特点是：1. 人口规模扩大到25万。2. 在规划理念上提出了六个新的目标：它是多种就业的城市；要避免成为单一阶层的居住地；城市环境幽雅；城市交通便捷；方案有灵活性；城市建设有经济性。因此，这个城市具有独立运作的可能，不再沦为伦敦的卧城。我们到了那里，见到城市道路宽敞，绿化宜人，住宅间距很宽，市区的商场已发展成"商业城"，而不再是小型"超市"了。对于居住区的考察只能是靠汽车跑马观花了解，于是我们就重点体验这处"商业城"的情况。虽然这座城市居民并不多，用不着这么大的商业城，但它的规划设想是吸引其他城市的人也来此集中使用，它无形中成为一座区域性的商业中心，规模自然就该大多了。实际上，现在每天来此购物的人确实络绎不绝。我们到了商业城，约翰斯顿先生就说，大家要记住汽车停在几号门口，万一在里面走散了，出来容易找到汽车，果然到商城里面，不到半个小时，我们就走散了。里面实在太大，有的地方还有二层，跑得我连方向都搞不清，各种商店大同小异，标志性也不强，真是乌龙一片，好在里面在十字路口处还有一些标志，才能辨别出口的方向。大概不到 2 个小时，我就跑出来了，逛商场也挺累，我找到了约翰斯顿的汽车，他已在那里等我了。我想买点日常用品何必来这里折腾，这也是小商店为何仍然能在城市中继续存在的原因，第三代新城现仍在探索中。

16　访问法国

　　2004 年暑假，我们东大建筑学院组织了赴欧考察学习团，一行大约有四十余人。经过策划之后，大致定为 15 天，考察法国、瑞士、德国、意大利、奥地利 5 个国家的部分城市与景点。我们这次考察的第一站就是巴黎，这座世界闻名的花都，塞纳河穿城而过，就像是给城市戴上了一条蓝色的项链，更增添了它的秀色。为了先了解这座城市的概貌，我们先乘船远望塞纳河两岸的景色。没想到在离埃菲尔铁塔不远的地方，居然看到了一座微缩的自由女神雕像，屹立在塞纳河中间的小岛上。后来一了解，原来是 1986 年为了纪念法国大革命 200 周年，美国人回赠给法国人的礼物，它的尺度大约只有纽约自由女神像的 1/5。沿塞纳河一线有许多美丽的拱桥，每座桥梁都有许多精美的石雕装饰。沿河还串联了两岸许多著名的景点，如卢佛尔宫、协和广场、埃菲尔铁塔、巴黎圣母院等等。

　　巴黎可看的名建筑与景点实在太多，我们不可能一一都去参观，况且许多专著都已对大部分的著名建筑与景点作过介绍，我们只选择了一些重点作一些补充性的了解，体验一下亲历者的感受。我们在协和广场旁边找到了著名的巴黎歌剧院（1861—1874 年），外观是纯古典式的，内外都装饰得富丽堂皇，尤其是它的内部，在当今世界上已属顶级豪华程度。大剧院四周还有许多石刻雕像，更增加了它的艺术性。在大剧院正面的檐壁下刻有一排近代著名音乐家的头像，我还记得正中一个是莫扎特，这位三十五岁就英年早逝的天才音乐家被誉为世界最伟大的音乐家（图16-1，图16-2）。

到巴黎，圣母院（Notre Dame，Paris，1163—1250年）是不能不去的地方，它那典型的法国哥特初期的形象，经典、大方、装饰精致，石雕的技艺几乎达到完美的地步，令人感叹中世纪工匠的惊人技艺。在巴黎圣母院内外参观之后，我们去参观了埃菲尔铁塔，当1889年铁塔刚建立时，曾引起社会上的一片哗然，认为它破坏了巴黎的城市风貌，如今一百多年过去了，这座钢铁巨人依旧巍然耸立在塞纳河畔，不仅没有人再去指责它的存在，而且已把它视为巴黎的标志物之一了。我们只被安排登塔到中间的平台处眺望，因为游人太多，再上去就容不下了。铁塔下是大公园和大水池，现在这里已成了一处著名的景点。就在从铁塔下来乘凉之际，柳孝图老师走过来对我说，建议你去买一杯法国冰淇淋尝尝，虽然价钱不菲，但是味道好极了。我随即到旁边小店买了一杯冰淇淋品尝，果然味道不错，又甜又鲜，令人回味。

我们在回旅馆的途中，经过凯旋门，再次稍作片刻休息，让大家拍照和逛逛周围的香榭丽舍大街。最后，我们又去了西区的德方斯新城区参观，这是一片新城区，所有建筑物都是现代派的，造型、装饰、色彩都别具一格，反映了时代的变迁。巴黎有三片郊外的新城区，它们与老城区相隔离，既可以适应新城市发展的需要，特别是高层建筑，满足各种功能的需要，又不妨碍与老城区的和谐。巴黎老城是一座美丽的城市，建筑风格统一，绿化林荫道尤具特色，加上塞纳河蜿蜒其中，更增加了它的魅力。

第二天一早，我们就直奔凡尔赛宫 [Palais de Versailles，Paris，1661—1756年，（图16-3）]，由于去得早，那里还没有

图16-1 巴黎歌剧院外观

图16-2 巴黎歌剧院内部门厅

图16-3 法国凡尔赛宫前院

开门，我们等了一会就排队进了主楼进行参观，这是路易十四建造的大型宫殿，在欧洲可算是首屈一指（图16-4）。建筑外表的对称典雅风格反映了路易十四时代的霸气。当时的文化与建筑风格已在欧洲被普遍模仿，宫殿内有各式接待厅及王室的起居生活空间。只是到了路易十六时期，由于奢靡误国，最后终至灭亡。在宫殿的室内，有许多名贵的油画，值得仔细品赏。

最值得参观的还是凡尔赛花园，它是现存世界上最大的花园，总面积有5km^2。靠近宫殿的一侧呈几何形布置，有一条轴线笔直通向北端。其间有水渠、喷泉池与雕像，宽阔的大道，两旁还有大片的花坛。在中轴线两旁较近的地方还布置有森林、林荫小道，各种式样的休闲建筑与天然景观。特别值得一提的就是在东面森林中的阿波罗洞府，在岩石面层前有一片水池，里面有一群雕像在为阿波罗洗马，群雕美妙的姿态令人流连忘返（图16-5）。这一组雕像虽然在专著上已广为人知，但真能见其芳容还是很不容易的。我们到这处景点时，大约是上午10点，可是，路口牌子上却挂着要到下午2点才开放，和路口值班人员交涉，怎么也不能通融。因为我们计划在下午2点就要离开凡尔赛去卢佛尔宫参观了，我们只能遗憾地离开了这座壮丽的大花园。在凡

图16-4 凡尔赛宫主楼

图16-5 凡尔赛花园阿波罗水池

图 16-6　凡尔赛花园雕像

图 16-7　巴黎卢佛尔宫入口全景

图 16-8　卢佛尔宫内部装饰

尔赛花园的许多水池中都有阿波罗的群雕，这种以阿波罗为主题的雕像，象征着路易十四就是太阳王阿波罗。在花坛与水池旁边还散放着一些雕像，有的是铜像，有的是石雕，这些雕像大部分都比较丰满，反映了当时社会的富裕之风，这些雕像都是出自名家之手（图 16-6）。

到卢佛尔宫（The Louvre，1546—1878 年），首先就是见到贝聿铭设计的玻璃金字塔入口（图 16-7），既显眼，又不和老建筑冲突，我们进入玻璃金字塔底层，然后再转上到一层与二层，里面的展品非常丰富，不愧是世界一流的博物馆。其中有三件镇馆之宝，那就是：古希腊时期的"维纳斯雕像"，"胜利女神雕像"，达·芬奇画的"蒙娜丽莎"油画。其中，维纳斯雕像和蒙娜丽莎画像前面简直是人山人海，来此的人都要一睹它们的真容。卢佛尔宫内的雕刻、绘画非常丰富（图 16-8），这里配有专职的讲解员，讲解得非常仔细，就像给学生上课一样，这确实是一次很好的艺术教育，也是一次很好的艺术享受。现在的卢佛尔宫和凡尔赛宫都已经改为博物馆了，它们和中国故宫博物院一样，正在为成为世界顶级的博物馆而努力。去这些博物馆参观，既是观赏，更是接受教育，能有这种机会也很难得。

第二天，我们又去了巴黎东北的兰斯城，参观了兰斯主教堂（Rheims Cathedral，1211—1290 年），这是一座哥特盛期的典雅教堂，形制与巴黎圣母院相似，但规模比较大，装饰也更复杂（图 16-9）。据说在中世纪时，法国国王加冕往往就专程来此举行。接着我们就继续前往东面的南锡古城（图 16-10），市中心有一座著名的广场（图 16-11），称之为斯坦尼斯拉斯广场（1750—1757 年），中间还竖立着他的雕像（图 16-12）。传说斯坦尼斯拉斯原是波兰国王，后被废黜，逃到法国。因为他是当时法国国王路易十五的岳父，因此就

图 16-9　法国兰斯主教堂

图 16-10　南锡市古城门

把他封为这里的公爵。在斯坦尼斯拉斯广场后面还连着一个长条形的跑马广场，再后面还接着一个长圆形的市政府广场。从北边的市政府广场到南边的斯氏广场，全长达450m。长圆形广场正中立着雕像，面对着桥。南锡广场是半开半闭的广场，空间组合有收有放，变化丰富，又很统一。树木、喷泉、雕像、栅栏门、桥、凯旋门和建筑物之间的配合也很成功，是城市建设史中的重要实例。现在大部分的城市街区仍保持着中世纪的特色。

图 16-11 南锡市中心广场入口

图 16-12 法国南锡斯坦尼斯拉斯广场

17 巴黎蓬皮杜文化艺术中心访问记

蓬皮杜文化艺术中心位于巴黎市中心区，是一座闻名遐迩的现代艺术博物馆（图 17-1），自 1976 年建成以来，一直是人们议论的话题。今天，几十年过去了，它现在的状况又如何呢？人们的感觉又会怎样呢？我带着一些好奇的心理，于 2004 年的 8 月份访问了这座现代艺术殿堂。

蓬皮杜文化艺术中心的设计者是伦佐·皮阿诺和理查德·罗杰斯（Renzo Pianno & Richard Rogers），他们是在国际竞赛中的获胜者，二人分别出生于意大利和英国，此前都已在国际舞台上崭露过头角，这次的合作更是产生了

图 17-1　巴黎蓬皮杜文化艺术中心外观

巨大影响。蓬皮杜文化艺术中心的外观是一个简单规则的长方形体块，宽48m，长约120m，高6层，里面包含现代艺术博物馆、图书馆和工业设计中心，其中艺术博物馆主要分布在3～6层，图书馆和工业设计中心则分布在1～2层。建筑外表一反常态，布满了钢架和各种颜色的管道，被人们称之为"高技派"的代表作。有人说它像是一座化工厂，外表不拘一格，不与周围的古典建筑相匹配，独树一帜，成为整个城市环境中的叛逆者；也有人认为，它的复杂表面结构和管道既反映了时代的特色，也能和周围古典建筑的复杂装饰相协调，而且具有鹤立鸡群之势。作为设计者的原始构思也是希望用这种现代技术来作为艺术的表现手段，打破过去传统的装饰常规，试图走出一条创新之路。诚然，仁者见仁，智者见智，在审美多元化的今天，要得出一个一致的结论是困难的，也是不必要的，这只有让观赏者自己去鉴别了。

建筑物西立面的前面是一个下沉式的小广场，边上的台阶形成了天然看台，这样既可以避免车辆的干扰，还可以供人坐观广场上露天的艺术表演。建筑物外部的管道不仅不加以掩饰，而且还用颜色加以强调，其中红色表示交通系统，绿色表示供水系统，蓝色表示空调系统，黄色表示供电系统，在西立面上还有一条曲折向上的玻璃通廊，里面是自动扶梯，从第2层一直通向第6层。这样把主要结构和设备管道移到外部，就可以大大解放室内空间，使室内布置可以自由开敞。由于3～6层内部已构成一个通用空间，所以除了外门，各层内部没有任何内门，交叉的隔板墙使内部组成了复杂的流动空间。

建筑物的底层是一个大通间，顶棚上也同样布满了蓝色和黄色的管道，空间上部的各色指示牌，已暗示着时代的转型，给人一种新颖与激动的印象（图17-2）。3层以上是现代

图17-2 蓬皮杜文化艺术中心底层内部

艺术展览馆部分，进入展厅后，迎面就是一幅巨大的黑白画面，各种大大小小的黑色圆盘组合画象征着机器时代的特征，在白色塑料板的背后还打着灯光，使得画面对比更加强烈，而且具有立体感（图17-3）。转向右面的对景是一幅红绿相间对比强烈的抽象图案，它似乎在说明当代社会和艺术是丰富多彩的，艺术家的心态是热烈的。在几层的展厅中，各种现代艺术派别都有代表作品展示，很值得细细品赏，但是由于时间的限制和个人的爱好，我还是把重点放在风格派的作品上。这里展览的主要有蒙德里安（Piet Cornelies Mondrian）和其他几位画家的抽象几何画，蒙德里安的画虽然看似简单，其实它已表达了画面构图的均衡、对比、节奏和重点等艺术手法，并且直接对建筑艺术产生了影响，20世纪初在荷兰出现的风格派建筑就是例证，甚至20世纪末在西方出现的解构主义建筑片状构图也多少受到风格派的启示。风格派的绘画虽然流行时间不长，但却影响深远，尤其是它的色彩和构图效果，可以为现代建筑装饰增色不少（图17-4）。现代艺术博物馆的顶棚并不像底层那样管道毕露，在长条格子间点缀着圆形的出风口和管道，也显得非常自然，并不惹人讨厌。

在第6层的西面有一个屋顶平台，中间是长方形的浅水池，周围构架与人物倒映池中，十分生动（图17-5）。池面中间还浮现一块石板，上面放着两个人物雕像，那是英国著名艺术家亨利·摩尔（Henry Spencer Moore）的作品，圆浑浑的体形，只有行家才能解读它的内涵，它点缀在池中央，在开阔的空间中起到了画龙点睛的作用（图17-6）。在第4层的平台上也有一个独立的抽象雕刻，那是美国著名艺术家亚历山大·卡德尔（Alexander Calder）的作品，外面涂着黑漆，和美国华盛顿美术馆东馆内的蓝色雕刻很

图17-3　蓬皮杜文化艺术中心圆盘组合画

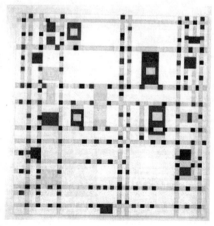

图17-4　风格派绘画

图 17-5　蓬皮杜文化艺术中心顶部浅水池及倒影

图 17-6　亨利·摩尔雕塑

相像，是艺术界颇有影响的一位创新者。

蓬皮杜现代艺术博物馆内展示着无数奇奇怪怪的现代艺术作品，这是多元时代提供给艺术家的机会。因此，这座展览馆的奇特外形也正好像艺术展品一样给观众以新颖与疑问，同时也留给人们以更深刻的印象，不论它是好是坏。今天，在观众的心目中，蓬皮杜文化艺术中心已逐渐由排斥到被认可，由被认可到熟悉，再进一步是见怪不怪。现在已很少有人再去斥责它的出现，同时也很少有人去赞美它的创新，蓬皮杜文化艺术中心已融入巴黎城市的肌理之中，它的高技外表，并非是技术的要求，实际上只是一种建筑艺术风格，是用技术来表现艺术效果的一种手段。看来，蓬皮杜文化艺术中心的建筑艺术造型在经过了几十年的考验后，终于像埃菲尔铁塔一样得到了社会的理解。

18　新天鹅堡访问记

　　新天鹅堡是世界上最富有浪漫色彩和诗意的城堡，也是最令人向往的神奇宫殿，迪士尼的睡美人宫殿和许许多多幻想的城堡都是以它为原型而仿建的。为了能亲身欣赏这处美轮美奂的景观，我们有幸在 2004 年夏专门到欧洲访问了这座最富有艺术魅力的城堡。

　　新天鹅堡位于德国最南部的巴伐利亚州靠近奥地利边境的山区里，我们从奥地利的因斯布鲁克向北出发，通过公路蜿蜒行驶，大约经过半天时间，先到达德国的菲森小镇，这原是一处由阿尔卑斯山脉群山环抱的世外桃源，但近些年来已成了车水马龙的旅游中心，成千上万的游客蜂拥而至，都是为了一睹新天鹅堡的神秘风采。菲森距离北面的慕尼黑大约有 115km 路程，那里原是巴伐利亚的宫廷所在地，新天鹅堡实际上是王室的离宫之一（图 18-1）。

　　在菲森东面的山脊上雄踞着旧天鹅堡，又称之为霍恩·斯万高堡，它是巴伐利亚国王马克西米二世在 1832 年从斯万高骑士家族手里买下的废墟进行重修的，国王花 4 年时间请了一些画家对这所中世纪遗留下来的古堡的里里外外进行了重新装饰。在古堡的北面和南面有清澈的阿尔卑斯湖和小小的天鹅湖，也许就是因为这处美丽的小天鹅湖而使这座离宫被称之为旧天鹅堡，国王的儿子路德维希二世的童年时代就曾在这里度过很长时间。

当路德维希二世在 18 岁登基后，由于受到周围环境的熏陶，越发向往浪漫主义的情趣，决定在旧天鹅堡西南面的阿尔卑斯山波特峡谷瀑布上方建造新天鹅堡，工程于 1869 年 9 月 5 日奠基，直到 1884 年建成，前后延续有 15 年之久。从这里向东北还能远望到大平原上的阿尔卑斯湖和天鹅湖。新天鹅堡要求以理查德·瓦格纳的罗安格林歌剧中的情节与中世纪的城堡场景为范本，聘请了建筑师爱德华·里维尔与画家克里斯蒂安·央克与格奥尔格·多尔曼进行设计（图 18-2）。

新天鹅堡的外观完全是仿中世纪罗马风的城堡风格，室内墙壁与顶棚全部都由壁画覆盖，几乎找不到一块空白的地方，壁画主要是采用古典主义的写实手法，并带有巴洛克色彩艳丽的风格，题材主要表现罗安格林歌剧中的情节，形象逼真，人物生动，尤其是许多大厅里悬挂着金碧辉煌的枝形大吊灯，更显得富丽堂皇（图 18-3）。新天鹅堡在外观与室内已远远超过了旧天鹅堡的豪华，但有趣的是在许多地方都表现有天鹅的装饰，也许是说明路德维希二世国王对天鹅纯洁的仰慕情绪，也许是对天鹅湖的眷恋。新天鹅堡深深地嵌在阿尔卑斯山的腰间，终年云雾缭绕，简直就像是天上仙境。

图 18-1　德国新天鹅堡远景

图 18-2　新天鹅堡全景

新天鹅堡的平面是略带弯曲的细长条形，轮廓很不规则，主要入口在东面（图18-4），进门后有一个大庭院，后是五层建筑的主体，带有陡峭的坡屋顶和许多大大小小的高耸的圆形塔楼。建筑的主要使用空间集中在二、三、四层，底层与五层都是一些附属用房，尤其第五层，由于经济的原因，几乎没有怎么进行装饰。建筑的外轮廓与圆形塔楼高低错落，墙面使用了许多券形饰的装饰带，这些都充分反映了欧洲中世纪城堡的基本特征。建筑的外墙面主要用灰白色的花岗石建成，只是在门楼的表面应用了一些红砖墙面，以强烈的色彩来突出整个城堡的入口。城堡的核心部分是三层和四层，三层是国王的生活起居空间，包括国王卧室、起居室、工作室、居室前厅、国王御座厅等，其中御座厅和第四层上面空间相互贯通，形成了异常壮观的效果，使人肃然起敬。四层则主要是歌剧大厅和前厅，作为国王艺术欣赏的场所，室内装饰重点都集中于此。

图18-3 新天鹅堡室内

新天鹅堡是一代国王的艺术贡献，1884年5月2日竣工，但路德维希二世本人却在工程完工后，只陆陆续续住过172天，而后不幸地在1886年6月13日死于斯塔恩贝格湖中，这也许永远是一个谜。由于路德维希二世过于痴迷于艺术，不问国事，对婚姻也不感兴趣，最终只能在一片乌龙中悄悄地逝去，但是他留下的优秀文化遗产却是值得保护的，柴可夫斯基著名的天鹅湖舞剧也是应路德维希二世的邀请而创作的。

图18-4 新天鹅堡入口外观

19 访问德国乌尔姆和慕尼黑

    2004 年暑假我们东大建筑学院的赴欧旅行团，计划中有一站是经过德国乌尔姆。这是德国南部的一座古城，多瑙河从它的东南方向流过。提起多瑙河，它是欧洲的母亲河，两岸经过许多欧洲国家，不仅带来了农业的丰收，而且在航运和景观方面也起到巨大的作用。尤其是家喻户晓的那首《蓝色多瑙河》名曲，早已被人们所熟知。我们一到乌尔姆，就迫不及待地跑向多瑙河畔，因为这里是上游，河床并不宽，大约只有 200m 左右，一派黄色的河水奔腾而下，与乐曲中的"蓝色"确是完全的不同。在与当地居民的交谈中，他们一语道破了真相。在欧洲人的心目中，蓝色代表着幸福，因为多瑙河给欧洲人带来了幸福，所以把它称为幸福之河，也就是蓝色之河，《蓝色多瑙》之名自然也就是理所当然的了。据说到了下游，河水就逐渐清澈一些。多瑙河沿岸景色很美，而且自然生态保持得很好，没有什么人工的设施与建筑的干扰。就在河流东面不远的地方，是著名的乌尔姆主教堂（Ulm Cathedral），建于 1377—1492 年，是一座典型的德国哥特式教堂。它的西立面是一座高耸的尖塔，与法国哥特教堂的成对钟塔不同，入口大门在钟塔之下（图 19-1）。主体建筑完成于 14—15 世纪，钟塔上部由于工程量太大，直到 19 世纪才完成。整座教堂均由石头建成，钟塔外部装饰得玲珑剔透，尖顶高达 161m，是当今世界上最高的教堂尖顶，也是乌尔姆城的标志。

我们到乌尔姆主教堂后，不仅仔细观赏了教堂的外貌和内部结构，还试图登顶眺望。我和钟训正老师两人，虽然都已年过古稀，在互相鼓舞之下，我们沿着一处单行的小转梯直爬向上，好在每 10m 左右都有一个休息平台可以休息。就这样，我们爬爬息息，最后到了 110m 左右高的平台，我们就此歇下，上面还有 50m 左右的尖塔是需要用手脚同时攀爬的，我们只能作罢，让那些小伙子们去爬吧。在 110m 平台处有一座大钟，节日的钟声据说十几里之外都能听到。在乌尔姆教堂上向下鸟瞰，不仅可以一览全城景色和大平原的农田，还可以在近处品赏建筑物石雕的细部，那种把石雕的天使和神兽雕刻得像木雕一样惟妙惟肖，简直令人叹为观止，充分反映了德国匠师的高超技艺，这种优秀的传统一直传承到今天。在乌尔姆教堂前面广场的一侧有一处新建的博物馆，完全呈现代派风格，当时正在展览爱因斯坦的事迹，也很引人注目（图19-2）。

图 19-1　德国乌尔姆教堂全景

在乌尔姆过了一夜，第二天我们去了德国南部的慕尼黑。慕尼黑是德国的工业中心之一，汽车工业是它的主导产业，著名的宝马牌汽车就是在这里生产的。它的名声还在于这里曾经举行过奥运会，蛛网式的体育场馆至今仍保存完好，只是长期闲置，也变成了一件大包袱。原来以为这种帐篷式结构可以容易拆卸，其实也不那么简单。况且使用年限也不长，效果也不如永久性体育馆那么好，因此在风行一时之后也就烟消云散了。当年德国工程师奥托（F. otto）设计的这座网膜式体育场馆，在新技术的表现方面与建筑艺术的创新方面的意义大于它的功能意义。在奥运场馆周围有一片巨大的奥运公园，只是一片比较粗放的绿地，并没有什么值得特别可欣赏的景点（图19-3）。

图 19-2　乌尔姆教堂前博物馆

慕尼黑是一座历史名城，19 世纪以前，这里曾是巴伐利亚君主国的王宫所在地。老城区还留有不少 17—19 世纪的建

图 19-3　德国慕尼黑奥运公园

图 19-4 慕尼黑市中心广场

筑遗构。市中心广场中的市政厅形体高耸，起到了突出作用(图 19-4)。广场周围大部分是 17—19 世纪的建筑，大体都是属于新古典建筑风格。广场空间很大，适用于各种集会、集市以及展览的各项功能，在广场的周边还设有一些小型的喷泉与取水口，可供市民饮用，也不失为是一种便民的措施。在广场的南端外面街道旁有一座典型的巴洛克大教堂，由于德国在 17 世纪时是巴洛克风格的活跃区域，因此这时期建造的教堂大部分都采用了巴洛克风格，而且都有很高的艺术水平。在慕尼黑的这座教堂里，满铺的天顶画，以及墙面的壁画，其动态的构图与色彩艳丽的形象，表现了德国巴洛克艺术风格的明显特色，我们在这里真实地享受了巴洛克绘画的艺术感染力。20 世纪初，当现代建筑刚刚兴起之时，曾把巴洛克贬低为一种混乱无绪的代名词，然而到了 20 世纪 70 年代以后，巴洛克艺术才得到社会的承认，对它的创造性也才有了重新地评价。当然，这种动态与流动的艺术表现是要有高度的技巧来控制的，否则就会适得其反了。在德国，巴洛克建筑的外表并不像意大利那样夸张，一般只是将古典的外立面作一些简化，略微有一点曲线，总体上是比较简洁的，但其内部却是非常艳丽豪华，这可能就是德国巴洛克风格的特点。个别的例子如十四圣徒朝圣教堂，它的内部还做成复杂的曲面，使巴洛克建筑艺术又达到了一个新的高度。

20 访问维罗纳与维晋察

2004 年暑假，我们旅行团从瑞士去威尼斯要经过意大利的两座北部历史名城：维罗纳与维晋察。其实，维罗纳早在古罗马时期就已是一座重镇，从进入它的城区开始就给人以历史文化遗产的标记。残破的石砌古老城门和它附近的角斗场立即给人以深刻的印象。现在角斗场虽然屹立无恙，但表面的风化与内部的破损已显现出历史的沧桑。有趣的是，维罗纳人很会利用他们的遗产，就在角斗场的入口路边，新建了一座音乐厅一半露在街面，一半嵌在角斗场内部，好像要使这座古老的遗产重新焕发青春。

维罗纳在 15、16 世纪时也是文艺复兴的活跃城市，经济的繁荣也促进了建设的创新与发展，现在还遗留有 15 世纪建造的剧院，它虽然没有 19 世纪以后剧院的规模，也不如后来剧院功能的齐全，但是它却创造了舞台布景及道具的先例。观众厅已考虑到座位升高与视觉的效果，也考虑了观众厅空间形体及大小给声响产生的效果。当时还没有设前厅和休息厅，出来就是花园。建筑外观没有特殊装饰，和普通住宅相似，内部设计只有一些古典线脚，还没有豪华的装饰，但是它为现代剧院开辟了道路（图 20-1）。

维罗纳也是莎士比亚描述的《罗密欧与朱丽叶》故事的故乡。至今仍保存完好的朱丽叶故宅，现在每天人流如潮，都要一睹当年故事情节的真实环境（图 20-2）。如今在宅门的前面新增了一座朱丽叶的站立铜像，据说摸了

图 20-1 意大利维罗纳古剧院内部

图 20-2 维罗纳朱丽叶故居

图 20-3 女游客与朱丽叶雕像合影

她的身体,男女爱情就会更加巩固,现在已将她摸得光亮四射,尤其是女孩子更感兴趣(图 20-3)。在宅院小街入口处有一座砖砌拱门,从这里到宅院大约只有 30m 左右的距离,墙面上贴满了小纸条,相传当年罗密欧就是以这种方式约会朱丽叶的。现在游客也仿照这种古老的范例,祈求着自己未来的幸福。姑且不论游客行为如何,但是却反映出当地的文化遗产能够产生如此巨大的旅游市场,是不容忽视的。

离开维罗纳,我们到了维晋察,是为了考察有名的巴西利卡和圆厅别墅。大巴很方便,把我们送到了市中心广场,迎面就可以看到文艺复兴时期改造过的巴西利卡(会堂,1549 年),作为城市的会议大厅现在仍具有其现实功能,造型与细部处理都是帕拉第奥标准的券柱式组合手法。唯一不一样的是,由于年代久远,为了加固,在券廊之间已用了许多钢筋垂直加固,以防止开裂。但从外表上看仍丝毫没有影响。在它的旁边就是市中心的广场,有空旷的活动场所,有许多贸易的市场,中心还有一座纪念柱,强调了它的纪念性。广场的一角还有一座高耸的瞭望塔,红白相间的横条砖砌的外表非常引人注目,是广场的明显标志。

我们无心去细细品赏这座小城的街市,就直接去寻找目的地——圆厅别墅(Villa Capra,1552 年)。问了一些人都说不清楚,因为这里不是旅游景点,平时也不开放,跑了一些冤枉路之后,终于找到了这座大名鼎鼎的经典名作。它位于近郊一座小山坡上,院门在山坡下,有一个门房,好不容易找到了那个看门人,才放我们进去,但是别墅内部还是不能进入,只能在外面四周观赏。尽管如此,我们也已经知足了,我们在这座建筑前集体留了影,这也是我们这个旅行团在欧洲唯一的一次合影。别墅四周空旷,原野城镇尽收眼底,犹如世外桃源。想当年,别墅的用水都要从山下运来,这些富豪们的奢华生活都是需要建立在许多人服务的基础上的。正是在这种基础上，它获得了建筑美学上美轮美奂的效果。著名建筑大师帕拉第奥（Andrea Palladio）设计了这座举世闻名的建筑。四个立面都具有同样效果，严格的几何构图，精确的装饰细部，都做到了极致，我们可以把它看作是一座大型的建筑雕塑。这种程式化的设计曾对后来欧洲学院派的建筑思潮起到了很大的影响。

图 20-4　圆厅别墅前合影，2004 年

21 意大利威尼斯访问记

　　1987 年秋，我有幸应邀赴欧洲讲学，特意访问了向往已久的历史名城威尼斯。2004 年夏，我再次访问欧洲时，又特意去威尼斯进行了深入的考察（图 21-1）。这是一座秀丽的水都，素有"亚得里亚海上的珍珠"之称。

　　威尼斯有着旖旎的城市风光，富有特色的建筑与广场，波光云影相映的水上人家，到处穿梭的小船，真是"水市初繁窥影乱，重楼深处有舟行"，亲临其境犹如置身于文艺复兴时代的昔日情景，不愧为当代的国际旅游胜地。

图 21-1　作者摄于威尼斯，2004 年

威尼斯位于意大利东北部的亚得里亚海岸，作为一个东西交通枢纽和重要海港而得到了迅速发展。

　　威尼斯作为一座出色的水上城市，建立在由砂石所冲积的海湾上，全城由 118 个岛所组成，纵横河道共有 134 条，并有 395 座形式各异的桥梁。这座城市本身不出产任何建筑材料，建造房屋所需的砖石、木料、五金器材全由外地靠海运输入。由于地层松软，多数巨大的建筑都建立在木桩基础上，有些地方则是由石块堆积而成，整个城市与海湾连成一片，犹如飘浮水上（图 21-2）。水城的四周均为海湾所环绕，只在西北角有一条长堤与大陆相通，火车可以直达。城内大大小小曲折迂回的河道形成了四通八达的交通网，其中最主要的一条则是贯穿全城的大运河，它的形状像一个反写的"S"，全长 3800m，河宽在 30m 到 70m 之间变化，深约 5m（图 21-3）。威尼斯也有许多小街小巷，但都曲折狭窄，大部分宽度不到 2m，街道两旁的建筑多半保持着中世纪与文艺复

图 21-2　威尼斯水城平面

图 21-3　威尼斯大运河沿岸景观

兴时期的风貌。这里没有车马之喧，靠市中心区的一带街道两旁布满了工艺品商店和旅馆，游人摩肩接踵，熙熙攘攘，终年不绝。在大街小巷间或教堂前，也有不规则的小广场，这些开敞空间不仅便于居民日常交往与聚集，而且也为城市空间艺术带来了生机。

据不完全统计，威尼斯现有各式教堂 120 余座，男女修道院 64 所，著名府邸 40 余座。这些建筑都是哥特文艺复兴与巴洛克式风格的优秀作品，充分反映了威尼斯匠师的智慧与技艺。

形成威尼斯特征之一的桥也是非常出名的，不仅数量多，而且姿态优美，为城市艺术增色不少。这些桥多半都是石拱桥，也有木拱桥，有的还建有桥廊，其中最著名的如 1592 年建造的里阿尔托桥，全长 48 m，宽 2.2 m，桥廊的中间做有一个高起的亭子，成为大运河上的一处重要景观（图 21-4）。另一座威尼斯著名的桥是叹息桥（1595 年），它横跨在公爵府与监狱之间的小河上空，桥的体量不大，可是却做成拱廊形状，造型异常精美，柔和的曲线把河道两旁平直的建筑也组织得生动活泼了（图 21-5）。

图 21-4　里阿尔托桥

图 21-5　叹息桥

最值得赞美的还是圣马可广场，它是威尼斯的市中心，也是城市设计与建筑艺术的优秀范例，多少年来一直为人们所称颂。拿破仑称它为"欧洲最美丽的客厅"。美国作家和艺术家斯密思在《今天的威尼斯》（1896年）一书中说："全世界只有一个伟大的广场，而它就位于今天圣马可教堂的前面。"著名的城市规划家老沙里宁（Eliel Saarinen）在《城市》一书中写道："……也许没有任何地方比圣马可广场的造型表现得更好了，它把许多分散的建筑物组成一个壮丽的建筑艺术总效果，……产生了一种建筑艺术形式的持久交响乐。"

圣马可教堂是圣马可广场的主题建筑，始建于公元830年，造型采用的是拜占庭建筑风格。教堂外部带有明显的罗马风建筑特点和文艺复兴时期的装饰细部。但教堂总体效果仍和谐统一，庄严华丽，令人叹为观止。

圣马可钟塔是广场最突出的标志，从远远的海上就可看到它挺拔秀丽，高耸入云的体形（图21-6）。这座钟塔高99 m，一共9层，现在内部装有电梯，

图21-6　从海上看圣马可广场

可以直登塔顶俯瞰全城。塔顶上站着的威尼斯保护神圣马可的雕像，在阳光照耀下闪闪发光，加上顶部丰富的色彩，好似天宫楼阁一般。

公爵府立于圣马可教堂的南面，造型严谨而华丽，为当时最大的公共建筑，也是威尼斯强大的象征。这座建筑始建于公元814年，后来，这座建筑虽经过多次修复，但仍然保持着原来哥特式建筑的风格，是建筑史上的代表性作品。公爵府下面两层都是由连续的白色石柱与尖券所做成的拱廊，第三层墙面为白色与玫瑰色大理石镶嵌，做成斜方格图案，在屋檐上还装有一排哥特式的小尖饰（图21-7）。公爵府的中间围有一个大庭院，庭院内的建筑形式主要采取的是文艺复兴风格，但在第二层则采用了联排的尖券拱廊，以暗示与外部的联系。院内有一座巨人楼梯，上面两旁立着战神马尔斯和海神奈泊通的雕像，象征着威尼斯在陆上和海上的霸权。

图21-7　作者摄于公爵府前，2004年

圣马可教堂两旁耸立着的是两座巨大的三层行政办公楼。两座建筑在体形上很相像，都是古典柱式与拱券所组成的石建筑，底层则是连续的拱廊。

　　和公爵府对面的是圣马可图书馆，建于 1536 年。它那古典柱式与拱券相结合的造型，与周围的建筑既相协调又有差别，文艺复兴建筑大师帕拉第奥称赞它是"最漂亮的作品"。

　　圣马可广场作为著名的市中心，是威尼斯唯一的公共活动场所，广场上没有任何交通工具进入，充分体现了人的权利（图 21-8）。

　　广场的平面基本上呈曲尺形，实际上却是由三个大小不同的空间所组成的复合式广场。大广场是主要的公共活动中心，采取了封闭的处理手法；靠

图 21-8　圣马可广场内部

海的小广场则是从海上来时的前奏，两端都是开敞着的。在大广场与小广场之间放了一个高耸的钟塔作为过渡，同时把圣马可教堂稍稍伸出一些，对从海上来的人们起着逐步展示的引导作用。象征着小广场入口的两根花岗石柱子，用意也很巧妙，使广场内外空间似分似合，与大自然的美景融为一体，既起到分隔作用，又不遮挡视线。在教堂北面角落上，还有一个不大惹人注意的小空间，也称之为小狮子广场，中间有一个不高的长方形平台，前面用一对狮子作为标志，造成闹中取静的环境，不过周围的建筑形式不大协调，显得比较零乱。

组成圣马可广场的三个空间都做成梯形平面，入口的一边较窄，主题建筑一边较宽，它可以利用透视的原理产生很好的艺术效果，使人们从入口看主题时，在视觉上更加强调广场的开阔与主题的宏伟，从教堂向入口看时，则会感到更加深远，这种手法在文艺复兴时期的广场中应用极为普遍。

广场建筑群的艺术构图很有节奏，高耸的钟塔打破了周围建筑的单调的水平线条，不但起了艺术对比作用，而且还显得重点突出。广场周围的建筑物由于都是各个时代陆续建成的，在造型上有着丰富的变化，同时也很和谐统一。广场的地面异常整洁，用大理石块拼有彩色图案。在教堂前点缀着三根大旗杆和两排胜利灯柱，每当节日之际，旌旗招展，鸽群飞翔，人们载歌载舞，一派欢乐景象。

大广场的面积 1.28 hm^2，与周围建筑高度的比例很恰当，同时也很适应人的尺度。大广场的深度为 175 m，教堂一边的宽度为 90 m，西面入口一边的宽度为 56 m，长与宽大约成 2：1 的关系。钟塔距西面入口约为 140 m，当人们进入西面入口时，便能从券门中呈现出一幅完整的广场建筑群的生动画面。塔高与视距的比例大约为 1：1.4，位置适宜，组合得体，是广场建筑群设计的上乘之作。

为了使封闭的广场与开阔的海面有所过渡，四周建筑底层全采用了外廊。同时，从小广场向南望，还清晰可见在海湾对面小岛上的美丽对景——圣乔治教堂（1560—1575 年），这座小教堂的钟塔也和圣马可广场的巨大钟塔遥相呼应。

图 21-9　圣玛利亚·塞卢特教堂

　　圣玛利亚·塞卢特教堂（1632—1682 年）巍然矗立于大运河南岸的出口处，是威尼斯的重要标志之一，建筑造型复杂而自由，立面上冠以大圆顶，并有带卷涡的扶壁支撑及曲线装饰，可以算是威尼斯巴洛克建筑的代表作（图 21-9）。

　　圣乔瓦尼与圣保罗合一教堂是一座具有威尼斯特点的哥特式教堂，它始建于 1246 年，直到 1430 年才全部完成，外观虽有哥特式的尖券装饰，但总的造型还保持着意大利罗马风建筑的传统，同欧洲大陆典型的哥特式教堂造型迥异。教堂内部还设有公爵的灵台，故又有威尼斯先哲祠之称。在教堂外面西南角的广场上有一座著名的纪念碑，顶上立有科利欧尼的骑马铜像，造型威武生动，1481 年出于佛罗伦萨雕刻大师委罗基欧（Andrea Verrochio，1435—1488）之手，属世界名作之一。

威尼斯的一般建筑也都有着自己的特色。由于威尼斯过去曾是强大的共和国与东西商业贸易的中心，不少贵族富商聚集于此，先后在大运河两岸建造了许多开朗明快精美悦目的府邸。这些府邸一般为三四层，高约 30 m 左右，底层多半是客厅及服务性用房，以便出入乘船，上面各层主要是生活起居的房间。在府邸门前的运河旁都设有一些画桩，作为系船柱，同时也成了运河上的点缀小品。威尼斯由于夏季气候炎热，居民常喜欢户外活动，但限于岛上地段狭小，不宜布置花园，故房屋多设有券廊、阳台，便于通风纳凉与观赏风景。在文艺复兴时期，威尼斯的建筑造型与意大利中部各城大不相同，因其地理位置离罗马较远，古典形式不甚严格，反而带有哥特建筑的遗风，常在文艺复兴建筑造型上做有连续尖券，公爵府内院即为一例。威尼斯建筑的造型，一般来说较佛罗伦萨轻巧精致，古典柱式和壁柱亦自由应用，建筑外部多用白大理石饰面或用红黄色粉刷，红瓦屋顶上常点缀着大小不一的老虎窗和一个个突出的烟囱。在靠河畔的立面上，常设置集合式窗，而佛罗伦萨建筑的粗石墙面在威尼斯则不大流行。文艺复兴建筑的装饰细部也都非常精致，且在枝叶雕刻中多加以海藻纹样。后来巴洛克风格甚受欢迎，因为它可以表示自由独立的精神与繁荣富庶的特点。

土耳其货栈是在大运河边的一座具有罗马风特点的建筑，它原建于 12 世纪，后来大部分经过重建，但基本仍保持着原貌，现在已改为市博物馆。这座建筑可以说是 12 世纪时东西商业贸易频繁的例证。

黄金府邸是大运河畔的一座华丽的富商住宅，建于 1421—1436 年，为乔瓦尼与巴特罗妙所设计。建筑高三层，外观采用哥特建筑风格。建筑物的底层立面是简洁的五间券廊，上面两层则做成带有威尼斯花纹特色的连续尖券，两边设有一个个小阳台。右边做有一片实墙面，与左面形成虚实对比。屋顶上还应用了有趣的伊斯兰建筑装饰手法。整座建筑秀丽精美，是威尼斯哥特式府邸建筑的代表作之一（图 21-10）。

在大运河畔也有许多出色的文艺复兴与巴洛克风格的府邸，17 世纪建造的波萨罗府邸和瑞松尼柯府邸都是威尼斯巴洛克府邸的代表。

今天，威尼斯执东西商业牛耳的时期已经过去，但它迷人的风采却不减当年。

图 21-10　黄金府邸

　　最后，让我们用一段英国著名诗人拜伦的诗句来再一次回顾世人对威尼斯的赞美吧！

　　——拜伦《恰尔德·哈洛尔德游记》

　　"从童年起，我就爱她了；她的形象，

　　是我心头的一座仙境般的城，

　　像水柱似地涌现在海上，

　　欢乐的家园，财富集中的中心。

　　……

　　我站在威尼斯的叹息桥上，

　　一边是宫殿，一边是牢房。

　　举目看时，许多建筑物忽地从河中升起，

　　仿佛魔术师挥动魔杖后出现的奇迹。

　　千年的岁月用阴暗的翅膀将我围抱，

　　垂死的荣誉还在向着久远的过去微笑，

　　记得当年多少个番邦远远地仰望，

　　插翅雄师之国的许多大理石的高房：

　　威尼斯庄严地坐镇在一百个岛上！"

22 应邀与澳门特区合作研究《澳门建筑文化遗产》

2000 年，中国近代建筑史国际学术研讨会在广州和澳门召开。会议期间，澳门特区文化局代表陈泽成先生在澳门找我商讨合作研究《澳门建筑文化遗产》课题，因为这不仅可以总结澳门 400 年来中葡双方共同创造的建筑成就，而且还可以进一步为澳门历史建筑群申报世界文化遗产做资料准备。嗣后又经过多次具体磋商，最终在 2002 年初，双方达成协议并具体付诸实施。

在实施过程中，我们东大一方是具体操作的主力军，主要由我负责，带领一批博士生与硕士生参加工作，并有个别教师协助。在研究项目实施之前，整个研究组制定了详细的调查研究计划，预计在三年内完成。其中第一年调查研究 1900 年以前的澳门建筑文化遗产；第二年调查研究 20 世纪上半叶的建筑文化遗产；第三年总结整理已有资料并撰写专著出版。整个计划在澳门文化财产厅的支持与配合下已得到了顺利的实施，《澳门建筑文化遗产》（The Architectural heritage in Macao）专著在 2005 年得以出版。

这本专著是东南大学建筑学院与澳门特别行政区政府文化局合作研究的成果，具体项目负责人是刘先觉（东南大学建筑学院教授）与陈泽成（澳门特别行政区政府文化局文化财产厅厅长），同时两人也是该书的主编。

在研究过程中，澳门特别行政区政府文化局提供了经费支持，文化财产厅提供了已有的测绘图纸和相关的调查资料，并协助了调查研究。东南大学建筑学院参加调查研究和撰写文稿的人员先后有十余人，时间持续达三年之久，使专著研究的广度与深度得到了有力的保证。

2002 年上半年，我们第一批赴澳门进行实地调查研究的共有 4 人，由我带队，另有三名博士生：玄峰、许政、赵淑红。我们由澳门文化财产厅安排住在西望洋山别墅区的一所别墅内，距离山顶不足百米，可以俯瞰周围海景，环境十分幽雅，据说这是澳门政府用作招待特殊客人的临时居所。里面有两间卧室、一间客厅、餐厅、厨房、卫生间，设备一应俱全，把它作为生活与工作的场所比住旅馆要方便多了。这一次住了半个月，基本上达到了预期的目标，虽然这次时间并不算长，但是印象还是很深刻的。

2003 年上半年，我们再次赴澳门进行调研，这一次人数比较多，总共有 8 人，时间大约持续有 3 周，我们几乎走遍了澳门的大街小巷，调查案例达到 86 处。我们不仅调查了每处实例的功能、外观、平面、构造、细部，还研究了城市的肌理，前地、广场的特色，以及它的历史形成过程。这一次由于时间较长，由葛明建议，我们还轮流去珠海采购生活必需品，这对于我们这个小集体来说，的确是一件既实惠，又开心的事。这一次被安排住在靠观音堂附近的高地乌街一所公寓楼里，这座公寓楼有许多不同平面的单元，我们住的这一套是特大的单元，属于上、下二层的跃层式，下层有大客厅、餐厅、厨房、书房、卫生间、阳台；上层有 4 间卧室，卫生间、小阳台等等。作为一个临时的工作室兼生活起居室，还是相当合适的。

以后我们又多次去过澳门进行补充调研，时间一般都在一周以内，人数也多半都在 3 ～ 4 人左右，所以一般就安排住在旅馆里，这样也比较方便。专著的整理与撰写过程主要是在南京完成的，这本专著对澳门 400 年来建筑文化遗产的发展历程进行了系统的总结，分析了各种建筑类型的特征、风格、建筑文化的共生与融合现象，以及澳门建筑文化遗产的地域性特点与成就。澳门的建筑文化遗产十分丰富，可以说它不仅是一座近代建筑历史的博物馆,而且是名副其实的东西方文化交流的桥头堡,并且可以说是"中国近代第一城"。

澳门自 1999 年 12 月 20 日回归祖国以来,不仅在文化历史方面继续有所成就,于 2005 年 7 月已成功地将历史城区申报为世界文化遗产;而且在经济方面也有了突破性发展,澳门的观光旅游业、休闲度假活动都呈现了强劲的势头,澳门的经济与城市建设正在飞速地向前发展。

在 2009 年澳门回归十周年之际,我应《建筑与文化》杂志编辑部邀请写了一篇纪念专稿,标题是《中国近代第一城——纪念澳门回归十周年》,全面扼要地介绍了澳门的历史与城市现状,以及建筑的特色和在中国近代建筑史中的地位和意义,对于建筑学者和一般历史、旅游爱好者都可能有一定的参考价值,现将该文主要内容摘录于下。

中国近代第一城

——纪念澳门回归十周年 (摘要)

一、最早中西文化交流的桥头堡

澳门位于中国南海之滨,地处珠江口西岸,是由一个半岛和两个离岛组成,全境南北距离约 11.9km,目前总面积为 26.8km² 。虽然澳门只是一个弹丸之地,但是它在历史上却是一个非常重要的地区,既是西方文化最初传入中国的桥头堡,又是中葡文化交流与融合的纽带。

澳门在四百多年前开埠时,原属广东香山县,葡文名称为 Macau,主要是指当时的澳门半岛部分。据说葡人最初登岸在妈阁庙附近,误以"妈阁"之音认为就是该处地名,一直沿用至今。当时这里只是一个荒僻的小港湾,从 16 世纪中叶开始,澳门历史发生了巨大的转折。

早在 15 世纪时,欧洲诸国中以葡萄牙与西班牙最为热心于航海事业。1498 年,葡萄牙人瓦斯科·达·迦马 (Vasco da Gama) 远航东方,绕过好望角至印度加尔各答,恢复了欧亚的海上航线。1514 年,葡萄牙人欧维士

（Jorge Alvares）首航中国，他曾到达广东屯门，限于中国禁令未能入境，但将带来的货物售出，获利甚丰。此后便陆续有葡萄牙船来中国做临时交易。

值得注意的是，据【清】《澳门记略》云："嘉靖三十二年（1553），蕃舶托言舟触风涛，愿借濠镜地暴诸水渍贡物，海道副使汪柏许之。初仅蓬舍，商人牟奸利者渐运瓴甓榱桷为屋，佛郎机遂得混入。高栋飞甍，栉比相望，久之遂专为所据。蕃人之入居澳，自汪柏始。"由此可见，自16世纪中叶起，葡萄牙人便占据澳门，开始了其殖民活动。

葡萄牙人定居澳门后，随着贸易的兴旺，华洋客商云集，澳门从一个简陋的舶口逐渐发展成为一个繁荣的港口城市和东西文化交流的中心。后来由于荷兰、德国、英国等新兴资本主义的兴起，以及在华势力扩大的影响，澳门这个曾经盛极一时的港城便逐渐衰退。

葡萄牙人在最初入据澳门时，只是在半岛中部和南部定居，后逐渐扩展到整个半岛和凼仔岛与路环岛。由于人口增长迅速，居住用地有限，因此填海造地就成了澳门城市发展的一大特点。据统计1910年的澳门半岛加凼仔与路环岛的总面积是10.94km^2，而到2002年时已达到26.8km^2，超过了原有面积的一倍。而且新增加的陆地都是平整的用地，使澳门的城市建设得到了有效的发展。目前，澳门半岛与凼仔岛已有三条大桥连通，凼仔岛与路环岛也几乎连成一片，新机场也完全是填海筑成。可以说澳门是一个蚕食大海的城市。

澳门在19世纪80年代到20世纪上半叶期间，城市建设与建筑活动最为明显。城市新区的开发，新建筑类型的增加，新材料、新技术的应用，建筑风格的多元化，都是这一时期的主要特征。

在世界范围内，这一阶段在建筑史中是以折衷主义向现代主义过渡的时期，工业化的大生产促进了新技术、新材料的使用，但是新建的建筑往往被披上一层古典的外衣，现代主义还没有被确定为主流，古典和折衷风格也呈现着不同的地域风格。澳门在世界建筑潮流的影响下，也在悄悄呈现着这样的变化，无论是中式建筑或西式建筑，都有着中西文化交流的痕迹，映射出中葡历经了400年交流与接触后的相互交融。这一时期的建筑风格大致可划分为两种类型：一种是以葡萄牙人为代表的古典式、折衷式和殖民式建筑，它们以葡萄牙建筑的明丽色彩为主要风格,将澳门装扮成欧洲古典建筑的"博物馆";另外一种是以占澳门多数人口的华人为代表的中式建筑,它包括有中式民居、中式庙宇或经过演化形成的一种中西混合的建筑,往往是中式风格和西式细部。

二、世界文化遗产的历史城区

2005 年 7 月澳门历史城区已申报为世界文化遗产,这标志着澳门建筑文化遗产已具有世界的意义。澳门的建筑文化遗产主要集中在澳门半岛部分,它主要包括有宗教建筑、民用建筑、军事建筑、行政建筑与公共建筑各个部分。

(一) 近代居住建筑

居住建筑是澳门近代民用建筑中数量最多的一种类型,遍布澳门各地。居住建筑与人们日常生活密切相关,其发展之迅速、数量之多、类型之丰富都从一个侧面反映了澳门近代社会发展与构成的多元性。在建筑风格与建筑形式方面,中葡居住建筑亦呈现出不同特点,尤其是在大型豪宅中体现得更为明显。

1. 圣珊泽宫(图 22-1)

现为澳门特区政府礼宾府,原为澳门总督官邸,又称圣珊泽宫,建于 1846 年,位于澳门半岛西望洋山圣珊泽马路。圣珊泽为葡语译音,原意为

图 22-1　澳门圣珊泽宫

洗衣妇水塘，由此可见当时建筑所处的环境。圣珊泽宫是一幢极富葡萄牙古典建筑色彩的两层高级别墅式建筑，对称布局，外墙为红色粉刷，窗框及墙面装饰线条采用白色粉刷，红白相间使整个建筑显得干净典雅。建筑外围有面积颇大的花园，优雅美丽。这座建筑物最初的业主是贝纳迪诺，后转售给赫伯特，1923 年由澳门政府收购，曾用做博物馆，1937 年巴波沙任总督时确定为澳督的官邸。1999 年澳门回归后，该建筑主要为接待贵宾之用。

2. 郑家大屋

原为中国近代实业家与思想家郑观应（1842—1922）的祖屋。郑观应是中国近代早期资产阶级维新派代表人物之一，他早年经商，31 岁成为腰缠万贯的富商，后对当时社会积弊深恶痛绝，著《盛世危言》一书，对当时和后世都产生巨大影响。郑家大屋由郑观应的父亲郑文瑞建造，约建于 1881 年，位于澳门半岛亚婆井前地龙头左巷。建筑占地约 4000m²，纵深达 120 多米，是一规模庞大的建筑群，主要由两组并列的四合院建筑组成。主体建筑为坡屋顶，多为两层，辅房多为一层，均为硬山建筑，有的还做成可上人的平屋顶。建筑外围高墙，主入口向东，有高大门楼。由于地形所限，建筑并非正南北向，虽为纵深布局，并没有采用中轴对称布局方式，而是错置为两组，按其与主入口的关系分为前后两个组群，两者通过角部咬接。前面组群采用合院形式，周围分别围有门楼、倒座、正房和附属用房等。中间为长条形开敞庭院，上铺石板主要用于通行，右侧遍植花木，为住宅花园。后面组群基本采用中轴对称布局方式。轴线上布置有两层正房，室内空间高大，屋顶采用传统中式木屋架，但支撑屋架的柱子却是带线脚的西式方柱，根据其规模和室内布局可知是本宅的主体建筑。整个建筑布局为中国传统的院落式，但在装饰与细部处理上都是中、西混合手法，充分反映了当时的社会时尚。郑家大屋是澳门最有代表性的一座中西混合式住宅，已被列为文物保护对象。

3. 福隆新街民居

约建于清同治年间（1862—1874 年），是澳门传统民居风格的代表。整条街现有民居 50 幢左右，下层为商店，上层住家，每幢建筑面阔为 3 ~ 5m，进深 9m 左右，地上二层，平面为长方形，建筑面积约 60 ~ 90m²，室内装饰简单。立面总高约8.6m，双坡硬山顶，墀头略有装饰，白色墙面，红油漆门窗是其特点。主体结构形式为砖木混合型，木楼板，木屋架，瓦屋顶，地域特色明显，红色的门窗给人印象深刻，建筑特点突出，目前已成为澳门旅游景点之一。

（二）近代行政建筑

澳门自开埠以后，葡人蜂拥而至，人口日增，在这种情况下，明清两朝对澳门重视的程度日渐加强，对葡人进行防范约束，曾出现一些颇有特色的中式行政建筑，如朝廷召见澳葡官员的议事亭、粤海关澳门官部行台。但随着中国对澳门管制权的旁落，这些中式行政建筑逐渐被拆毁，目前遗留下来的主要是葡式行政建筑，比较典型的为市政厅大楼与澳督府。

1. 市政厅大楼

现为澳门民政总署所在地，位于澳门半岛新马路。1783年，澳葡议事会向中国购买了该地段，并于1784年建成大楼。大楼由圣约瑟(Patricio de S. Jose')神父设计。高两层，地基采用麻石，其他部分用砖石和石灰砌筑。1874年大楼遭到台风的破坏，1876年重修，主要变化在建筑的立面上。1940年再次加以维修，保留了葡萄牙国王约翰五世时代的建筑风格。现在的建筑立面为古典式，二层，横向分为三部分，中轴对称，中部三开间，两侧各四开间。门厅内墙裙上贴有南欧风格的装饰瓷砖，墙壁上方嵌着载有历史事件的石刻，它们原来分散在城市中不同的地点，后被集中在该建筑的门厅内。沿门厅向前，拾级而上，穿过拱形门洞是一方小小的天井，天井两侧有楼梯通向二楼。二楼中间，即门厅的上部为会议室，原为议员们开会和总督上任、卸任或其他重大事件演讲之用。沿天井继续向前行进，再穿过一拱形门洞就到了市政厅后的花园。花园中央的铺底图案原为地球形状，上面标有根据《托得西拉斯条约》确定的分割线，根据这一条约，葡萄牙与西班牙两国一个向东，一个向西，瓜分全球，最后在日本会合。此外，花园中还立有两尊人物胸像，其中一位为葡国著名诗人贾梅士。

2. 澳督府（图 22-2）

现为澳门特区政府总部，建于 1849 年，位于澳门半岛南湾大马路中段。建筑师为若瑟·多马斯·阿基奴。该建筑初期只是一座私人豪宅，原为余加利子爵的私人产业，后家族衰败，产业拍卖，1881 年被政府投标购置，遂成为澳督府，后一直作为澳门的政治中心。建筑充满南欧特色，占地面积达 46 ～ 45m²，建筑前后有庭院，侧面有花园，堪称当年澳门首屈一指的大型豪宅。该建筑立面为葡萄牙古典式，高两层，正面朝向南湾海面，对称布局，平面呈山字形。立面为粉红色粉刷，下为花岗岩墙基、山花、檐口等重点装饰部分为白色线脚，角部有隅石，入口处有门廊。二层回廊通畅，左右两翼做成露台，减轻了建筑的沉重感，也丰富了空间层次。廊柱、隅石均为花岗石造。花园平面考虑到后高前低的地势，正中布置花架，两旁对称布置水池和草地，增加纵深感。建筑室内现已按现代要求进行了改造，分别布置有中式风格和葡式风格二类。澳督府在回归前一直是澳门的政治中心，回归后，它仍然是澳门有特色的重要标志性建筑。

图 22-2　澳门澳督府

（三）近代公共建筑

澳门近代的公共建筑是随着澳门的开埠而逐渐发展起来的，它的特色尤为鲜明，类型丰富，是远东一带的先驱。这些新式的公共建筑不仅为澳门社会带来了生机，而且也成为西方新建筑文化最初传入中国地区的标志。例如仁慈堂、圣拉法艾尔医院、岗顶剧院、摩尔人兵营等建筑都具有重要的历史价值与建筑艺术价值。

1. 仁慈堂

仁慈堂是澳门最早的慈善组织。该组织历史悠久，由葡国王后莲娜（D.Leonor）于1491年8月15日创办，为葡人在世界各地所设的慈善机构之一，原名"神甫慈善会"。

由于历史悠久，加之政府协助以及大量私人捐赠，仁慈堂物业很多，遍布澳门各区，其中最重要的就是仁慈堂大楼，它是澳门最美的西方古典建筑之一。仁慈堂底层原有一座美丽的小教堂，后面还有弃婴收容院，楼上还有档案室和博物馆。目前仁慈堂底层功能已有所改变，育婴院也不复存在，只是楼上的档案室与博物馆依旧开放。现在仁慈堂大楼位于议事亭前地，始建于18世纪，后于1905年重建，是一座两层的砖石建筑，宽22m，三角山花高16m。除花岗石基座外，整个建筑均粉刷成白色。正立面为古典风格的券柱式构图，中轴对称，共七开间。三角形山花内有浅浮雕装饰图案，色彩鲜明。立面柱子成对布置，柱身上还装饰有束结，颇有创新之意。柱子均立于基座之上。二层游廊栏板和顶层女儿墙做成镂空状，加上立面线条丰富，整座建筑显得很精致。

2. 岗顶剧院（图22-3）

又称马蛟戏院，葡文名为伯多禄五世剧院，建于1860年，位于澳门半岛岗顶前地，是澳门最著名的新式剧院。19世纪中叶，欧洲热衷于豪华剧院的建造，效仿法国和意大利的歌剧院是当时的风尚。澳葡也追随这种时尚，集资修建了这座剧院，用以纪念葡王伯多禄五世的功绩，并以该国王之名命名，故称伯多禄五世剧院，后来又改称为马蛟戏院，俗称岗顶剧院。剧院建筑造型为希腊古典复兴风格，主体一层，外墙为绿色粉刷，饰有白色线

脚。剧院正面为面宽 15.7m 的门廊，上有三角形山花。门廊
共三开间，券洞宽约 3m，8 根爱奥尼倚柱成对布置，下有基
座，柱高约 6m。山花及柱子较为简洁，立面看起来雄伟庄重。
檐部下面的主入口上写有葡文"Teatro Dom Pedro V"，即伯
多禄五世剧院的意思。侧立面九开间，为连续券形窗，每窗
宽 2.45m，落地，整齐而有韵律。屋顶为红色两坡瓦屋顶，屋
脊高 12m，屋檐高 7.5m。平面为长方形，长 41.5m，宽 22m，
纵向布局。从入口门廊进入前厅，然后是圆形观众席，再后
是舞台，两侧有化妆间。观众席两侧是可供休息的空间，左
面布置有酒吧及餐厅，右面为长廊，设有直达楼座的楼梯。
二楼观众席为月牙形，依靠楼下 10 根排列成弧形的柱子支撑
着。岗顶剧院是葡人主要的休闲娱乐场所，昔日澳葡凡有庆
典活动，皆在此举行。

图 22-3　澳门岗顶剧院

3. 东望洋山灯塔（图 22-4）

随着海上运输的频繁，在澳门海域与港口的夜间日益需
要有导航的灯塔，澳门东望洋山灯塔就是在这种情况下应运
而生的。灯塔建于 1864 年，位于东望洋山的顶部，外观为三层，
圆柱形，高约 13.5m，外观顶部为红色筒瓦屋面。灯塔上部有
二层瞭望塔，底部直径约 7m，顶层收进，直径约 2m。灯塔
主体为砖筒结构，目前仍在夜间使用。该灯塔是中国及远东
沿海最早的灯塔，具有重要的历史价值，也是澳门城市的重
要标志。

图 22-4　澳门东望洋山灯塔

4. 妈祖庙（图 22-5）

澳门最著名的妈祖庙位于澳门半岛西南部的妈阁街上，
背山面海，依崖构筑。妈祖庙正名妈祖阁，主要由入口大门、
脚坊和四个独立的大殿（正殿、弘仁殿、观音殿和正觉禅林）
组成，四个大殿分别建于四个平台之中，建筑群四周建有围墙。
该组建筑始建于明代，后历经重修，现状大体上保持着清代

图 22-5　澳门妈祖庙

中晚期的风格。

入口的一组建筑包括庙门、牌坊和正殿，均用花岗岩建造。大门之上楷体镏金："妈祖阁"，两旁楹联为"德周化宇，泽润生民"。进庙门，入牌坊便是一座小型正殿，初建于明神宗万历三十三年（1605年），为澳门闽藉商人所建，1629年经历一次大修。现石殿门楣上刻字记载"明万历乙巳年，德字街商建"字样。殿内供奉天妃娘娘妈祖的塑像。

在正殿后面的半山腰上是弘仁殿，只有$3m^2$大小。它以山上的岩石作后墙，以花岗石作屋顶及墙身，殿内供奉天后。石质屋顶上也以绿色琉璃瓦和起翘的屋脊作装饰。

观音殿位于妈祖庙建筑群的最高处，供奉观音，采用砖石砌筑，建筑造型为硬山式屋顶。前廊两侧采用西式手法，上部发拱券，券中有拱心石，是中西合璧的形式，建造年代在民国期间。

在入口轴线的右侧为"正觉禅林"，是由供奉天后的神殿及禅院组成。天后的神殿在前，里面供奉着妈祖神像。对面有一个内院，正对院墙有一个大圆洞，仅为观望之用，在圆洞外墙之上题有"万派朝宗"。神殿之门旁启，门楣上刻有"正觉禅林"。天后神殿之后是观音殿，这种将妈祖与观音混合崇拜一直是澳门的地方特色。在澳门人看来，这种混合崇拜并不矛盾，更无所谓冲突。虽然观音来源于陆地，妈祖来源于大海，但是在许多人看来，妈祖是"海上观音"，不仅没有心理障碍，而且还使看似不同的两种信仰有机地结合在一起。天后神殿与禅院观音殿均为硬山式屋顶，两边侧墙顶部为"锅耳"山墙，外墙面涂鲜艳的红色粉刷，具有强烈的闽南特色。"正觉禅林"由于在1988年遭受火灾被毁，后按原样进行了重建。

妈祖庙终年香烟缭绕，来朝拜与观光的人络绎不绝，它寄托着人们的美好愿望，也是澳门最有代表性的建筑之一。

（四）澳门的天主教堂

1565年在澳门出现了天主教第一所耶稣会会院，耶稣会士开始在中国人中间传教。澳门天主教的教务很多，在社会上的影响也很大，现在澳门的行政分区基本上就是按照教区来划分的。每一区有一座教区中心教堂，如望德堂区、风顺堂区、圣安多尼堂区等等。在众多的天主教堂中，最值得关注的历史文化遗产是大三巴牌坊、圣若瑟修院圣堂、玫瑰堂。

1. 大三巴牌坊（图 22-6）

位于大炮台山麓的大三巴牌坊，是原圣保禄教堂的前壁，已有四百多年的历史。教堂创建于 1580 年，重建于 1602—1637 年，亦名圣母升天教堂，1835 年毁于大火，其仅存的前壁俗称大三巴牌坊，是目前澳门的重要标志性建筑。

教堂坐北朝南，前有宽 20m 的 68 级石阶。牌坊的正立面为意大利巴洛克风格，同时，还吸收了一些澳门本地的装饰图案，并由中国和日本的工匠进行建造。圣保禄教堂的设计者是耶稣会传教士卡尔洛·斯皮诺拉神父，他是一位数学家，为了工程设计的精确性，由数学家设计教堂往往是欧洲教会的传统习惯。教堂从 1602 年动工到 1637 年主体竣工，历时 35 年，在漫长的建造过程中，大部分工作都由嘉惠劳神父监督主持。

教堂正立面采用米黄色花岗岩砌筑，共五层，高 24m，宽 23m。第一层是教堂的入口，有三座大门，采用长方形门洞，中央的正门略大，采用 2-3-3-2 的爱奥尼柱式布置进行分隔。正门上方有门楣，上有 Mater Dei(天主之母)

图 22-6　澳门大三巴牌坊

字样，两侧的两座门上雕有 IHS，这是天主教耶稣会的标志。

第二层采用 2-3-3-2 的科林新柱式进行分隔，形成了三个券洞和四个立着耶稣会圣徒的神龛。

第三层采用 3-3 的复合柱式，两侧各采用两棵上有圆球的方尖碑形柱将下层的柱子延伸上来。正中为一圣龛，内有升天圣母，周围环以一圈菊花图案，表现了日本工匠对菊花圣洁的崇敬。两端的嵌板上分别为帆船和"圣母踏龙头"浮雕。第三层的两个尽端各有一个狮子雕刻，骑在正面的墙体之上，是东方装饰在这一层的显著体现。同时。第三层两端的缩小墙面上则有大片涡卷来连接。左侧的涡卷中有魔鬼的形象，还有一个女性的胴体，一支对准心形物的箭。由上而下刻有一条中文字——"鬼是诱人为恶"，右边的涡卷内是一躯死神的浮雕，上面刻着中文字——"念死者无罪"。

第四层采用四根复合式柱，其基座简单、无装饰。中央为一圣龛，内为耶稣的圣像。柱间的嵌板上刻着两位天使。

第五层为一三角形的山花，最高处竖立着一个十字架，山花的正中为一只鸽子，周围围绕着太阳、月亮和星辰，代表由天主所创造的宇宙。

大三巴牌坊正面墙体的构图显示了一种对西方与东方文化的兼容并蓄，它已成为重要的世界文化遗产。

2. 圣若瑟修院圣堂（图 22-7）

对教堂与历史性建筑感兴趣的旅游者来说，这座教堂是不能不去的地方，它具有特殊的历史价值。圣若瑟修院圣堂是一座附属于修道院的小教堂，位于澳门半岛西南部隐蔽的三巴仔横街上。它曾经是天主教耶稣会传教士最早来华传教培训的基地，是一处重要的历史性建筑。教堂于 1758 年落成，建在一处高台上，门前有几十级石板阶梯，气势雄伟。1953 年与 1999 年进行过两次大修。在第二次大修时因发现中央穹顶开裂，故将原砖石穹顶改为钢筋混凝土结构，形式仍依照旧制。

圣若瑟修院圣堂以华丽夸张的巴洛克风格著称。立面以米黄色粉面为主，线脚都为白色。教堂立面为三段式构图。两侧设有塔楼，内置铜钟，塔楼的屋顶为紫红色琉璃瓦顶，高 19m。底部中央入口为厚重的暗红色大门，

图 22-7　澳门圣若瑟修院圣堂

其上方为断裂的曲线形山花门楣，是典型的巴洛克风格。立面上柱式繁多，柱头和檐部均有多重装饰线脚，整个立面富有立体感和动态感。中央顶部山花呈不规则的曲线形式，其中部饰有曲线形浮雕图案，中央镶有 IHS 的耶稣会标志。

教堂室内是浓厚的巴洛克风格。平面为巴西利卡式布局，纵轴长 22m，横轴长 13m。中央穹顶下部采用帆拱结构，这是我国境内唯一仅存的带有帆拱结构的巴洛克建筑实例。

主祭坛是献给圣若瑟的。祭坛两边各有两根金叶缠绕的麻花柱，其柱头为复合式，金碧辉煌，非常壮观，柱头上以断裂的山花形式作为结束，这些都是欧洲巴洛克风格的典型手法。

三、新城区的现代化

澳门城市的现代化过程是从 19 世纪 80 年代起悄悄进行的，这种过渡到 20 世纪中期基本定型，真正西方现代建筑思潮在澳门的流行则是在 20 世纪中期以后。

澳门城市人口的急速增加促使了城市建设的发展。正是在这种基础上，新的城区与公共屋宇计划便提到了日程上来。1927 年在筷子基开发的公共低造价住房，20 世纪 30 年代建设的巴波沙坊都是进行大规模现代城市建设的先兆。在第二次世界大战期间，澳门的城市建设经历了一个停滞期，直到 20 世纪 50 年代以后，澳门的城市才又得到了复兴，在半岛的南湾、外港码头外侧、黑沙环区以及凼仔与路环都有了大片填海区，为新城市的建设提供了有利条件。今天在半岛南湾、新码头一带以及凼仔新市区已呈现出一片宽阔的街道，整齐的街坊与现代风格的高楼大厦，它会使人联想起纽约与巴黎的街景，已与传统的澳门历史城区不可同日而语了。1999 年 12 月 20 日澳门回归祖国以后，城市建设与经济、文化各方面都继续有所发展，并获得了一系列可贵的成就。

四、澳门印象

在我们对澳门文化遗产进行合作研究期间，前后有三年之久，我来回澳门有十余次。在澳门半岛，我们几乎跑遍了所有的街街巷巷，调查了有关的各项建筑文化遗产。在这一段相当长的时期里，曾给我留下了深刻的印象，主要是：

1. 澳门像是一座欧洲历史小城的再现，它那充满历史建筑的历史城区，弯弯曲曲的街道，不规则的街区前地与广场，高低起伏的街坊，不时地会

图 22-8　澳门市中心广场

使你联想起意大利的维罗纳、瑞士的伯尔尼，甚至会想到莎士比亚描述的罗密欧与朱丽叶的故事是否会在澳门历史城区重演，看到这片历史街区，不由得不使你发思古之幽情（图22-8）。

2. 澳门是一座淳朴的文化城市，也是一座类似的慢城，无怪乎香港人把澳门当作他们的休闲后院。我们初到澳门时，站在公交站点上查看汽车路线时，就经常会有人主动过来帮你说明各路线的情况，甚至有一次还遇到过一个大妈，主动带领我们到50m以外的一个公交站点，这种助人为乐的淳朴民风，真令人钦佩。

3. 澳门是一座彩色的城市。建筑的彩色十分丰富，有鲜艳的红色外墙，有浅黄色的外墙，有绿色的外墙与红瓦屋顶，同时也有纯白色的外墙，丰富多样，却又不杂乱，就像是盛开各色花朵的大花园。给人的印象具有一种明快活泼感。此外，城市广场铺地也颇有特色，黑白条纹相间的波浪纹，远望很有立体感与动态感，是海滨城市的象征。

4. 澳门是一座旅游与博彩的胜地，对中西文化交流感兴趣的中外学者，包括建筑学者、历史学者、文化学者都是不可多得的研究题材。它的博彩与休闲业，也有严格的规章制度，正朝着健康的道路在蓬勃的发展。

5. 澳门也是文化历史遗产保护与利用的典范。澳门半岛的历史城区已于2005年成功申报为世界文化遗产。澳门的许多文化历史遗产基本都能做到保护与利用兼顾，不片面强调历史文物的保护性，也不片面强调新建设的重要性，而是做到历史遗产与现代社会紧密结合。例如大三巴牌坊与妈阁庙就是最典型的例子，它们既做到了强有力的保护，又做到开放旅游与研究宣传相结合，使澳门的文化遗产已真正成为中国人民的文化遗产和世界的文化遗产。

23 应邀合作研究《新加坡佛教建筑艺术》

2004 年秋，忽然有两位新加坡客人来访，一位是华裔建筑师李谷先生，另一位是新加坡建筑公司的经理梁清平先生。他们专程来访，是寻求合作搞一项科研，有关新加坡佛教建筑艺术的研究，原因是李谷先生曾经在新加坡设计过一些现代佛教建筑，对佛教建筑情有独钟，希望能写一本有关新加坡佛教建筑艺术的传统与现代化的书，而梁清平先生则是他的合作伙伴，很愿意协助他完成这项工作。由于梁清平先生过去曾在我们教研室进修过，并与我有过合作项目，对我比较了解，后来他到新加坡发展，这次就是他推荐李谷先生前来寻求合作研究的，研究经费全由新加坡方面承担。而我考虑到这一研究既可以将中国传统建筑文化进一步向海外传播，同时也可以吸取一些国外对传统建筑向现代化过渡的经验，于是，我们就达成了协议，计划在 2 年内完成。

此后，我曾三次去新加坡进行调研。第一次是我单独去的；第二次是带了杨晓龙（博士生）和楚超超（硕士生）同去调研的，时间比较长，大概有 3 周，曾先后到新加坡国立大学图书馆、佛教居士林、光明山普觉禅寺等的图书馆收集了大量有关资料，并又在梁清平先生的陪同下实地调查了 51 处佛教寺庙，作了详细记录与摄影；第三次是和杨晓龙、周琦老师同去的，时间也有 2 周左右，主要是补充本书的内容、资料，以及作一些必要的访谈，并对已有的资料进行校对。最后，经过两年多的时间，终于在 2007 年初完成了书稿，经由李谷先生校核后交由新加坡出版社正式出版，书名为《新加坡佛教建筑艺术》，书中图文并茂，历史、实例、现状、经验、评估均有涉及。出版后，已寄了一本给中国国家图书馆珍藏。同时在新加坡深受佛教界人士及一般社会读者欢迎，这也是我们与海外学者合作研究的一次有益尝试。

一、新加坡的社会背景

19 世纪时，英国人莱佛士爵士在 1819 年 1 月登陆新加坡，决定在此建设贸易基地，得到当地酋长允许后，便成了新加坡现代史的开端。1824 年新加坡被割让给了英国，1832 年成为海峡殖民地的行政中心。

新加坡的发展大量依靠移民，其中有华人、马来人和印度人。二次世界大战后，新加坡仍为英国殖民地，当时（1945 年）人口已接近 100 万，其中华人占 78%。1958 年新加坡由殖民地改为自治邦，1961 年成为马来西亚联邦的一个州，1965 年 8 月 9 日脱离马来西亚获得独立，成为新加坡国。

新加坡气候属热带岛国气候，位于赤道附近，最高日平均气温摄氏 30.9 度，总面积约 685.4km^2，由新加坡岛和 60 个小岛组成，这里气温高，雨水多。2006 年人口约 402 万，其中 76.5% 是华人，根据 2000 年的人口普查，佛教徒占 42.5%，道教徒占 8.5%，伊斯兰教徒占 14.9%，天主教徒和基督教徒占 14.6%，其他宗教的信仰者占 0.6%，无宗教信仰者占 14.8%。中国传统的佛教和道教信徒约占一半。在新加坡，佛、道、儒三教和谐共处，甚至融为一体。

至 18 世纪中叶，大量华人涌入新加坡，所传入的宗教信仰才是新加坡佛教发展之根源。而随之南来高僧陆续在马来地区建立道场，弘法于星洲，曾推动新加坡佛教的发展。佛教建筑不仅作为信徒拜佛求神之地和高僧弘法的道场，更是作为一种情感上的认同，成为当地移民聚集的场所。

早期新加坡移民大都来自中国闽粤沿海一带的乡村，他们的民族风俗及宗教信仰就形成了新加坡早期的宗教信仰之端倪。而他们对宗教的理解以及移民的这一特性赋予了新加坡早期宗教建筑独特的功能和含义。早期的宗教建筑不仅仅是信徒拜神祭祀的地方，同时也是当地的社区活动中心，并成为教导移民社会道德的场所。所以新加坡佛教建筑一登场就表现出它的多元化的功能和世俗性的倾向。新加坡的佛教主要是受北传中国汉地佛教的影响。

二、新加坡早期佛教建筑的特征

新加坡早期的寺庙不仅仅有拜佛功能，还具有一些社会职责，如教育、交流等，许多寺庙建筑与会馆密不可分，有的甚至二者皆为一幢建筑，共同担负着本族人的政治、经济、文化、信仰等各方面的生活管理，这就使新加坡早期的寺庙在最初就赋有强烈的世俗功能。有时它可以与人们的宗教信仰无关，但与人们的世俗生活却密切联系在一起，同时也是维系同族移民团结的象征性场所。新加坡早期的"佛教建筑"与其称为佛寺，不如称其为寺庙更为贴切。这些早期寺庙的特点有以下几个方面：

（1）多教合一：这是由福建移民带入的，许多寺庙都供奉更多的神以寻求更好的庇护。早期的福建移民混沌的宗教信仰也决定了新加坡早期的多教合一的信仰。

（2）世俗功能：考虑到中国宗教文化的方方面面的普遍性，新加坡较老的寺庙都具有综合性，例如道教或佛教，还经常有儒教成分夹杂其中。在19世纪的新加坡这样高度流动的社会和经济竞争激烈的城市中，使华人情感上稳定的最好方法是给他们一种民族性的文化和宗教观，这些华人寺庙——而不一定是在特定的佛教寺庙中——却可以表现出这种特性。许多寺庙集会馆、活动中心于一体，共同解决其移民组织的内部社会事务，而有的寺庙更是办有学校和医院，给移民提供必要的服务。

（3）闽南风格：早期新加坡华人寺庙多采用中国传统寺庙布局并具有福建一带的地域特色，这主要是因为早期移民多源于中国福建一带，他们将这种建筑风格带入新加坡。然而，随着华人的聚集和社会的动荡，这种从无意识的传入逐渐演变为刻意的表现与推广，这种表现反映出华人移民想创造出一种对民族情感认同的场所。对19世纪新加坡的中国移民来说，组成民族性的文化和宗教价值观便成了道德上的自信，而这些文化和宗教观在华人寺庙的构造和布置中得到了体现。

三、新加坡佛教建筑的现代化

20世纪60～70年代，大乘佛教在新加坡发展缓慢，尤其是无法吸引年轻一代的新加坡华人。佛教的发展与社会阶层有关，同样也与增长的社会流动性有关，大乘佛教在新加坡的年轻华人之中逐渐丧失了其魅力，这就促使新加坡的佛教要走现代化发展的道路。

首先，语言是佛教在年轻人中发展的主要障碍。佛教最初在华人中的发展，是基于同一方言基础上的。那些闽粤后人仍保留着对一些佛教用语的方言称谓。而新加坡的年轻人自小就接受英语背景的教育，这就使佛教在年轻人的宣传中存在着很大的障碍。其次，新加坡国际化进程使更多的西方文化渗透到社会中，佛教文化作为中华民族的传统文化，是华人树立自己文化价值观的一面旗帜。佛教日益担负起教化大众、宣扬中华传统文化的职责，因此使佛教逐渐面向大众，走向世俗化。同时，由于受到天主教与基督教教堂型制的影响，以及由于改良佛教与协会佛教的出现，也催生了佛教居士林与佛教图书馆、佛教联谊会等组织的产生，都为佛教寺院与其他佛教建筑形制的革新产生了一定的影响。第三，新加坡佛教僧侣文化素质的变化更是促使佛教转型的重要因素之一，目前在新加坡已不是穷人把佛寺当作避难所，而是要求高学历高素质的人来出家当和尚。目前在新加坡当和尚的大学毕业生已数见不鲜，甚至有的高僧都是哲学博士。因此，他们已把佛教当作既是信仰，也是振兴经济的职业，于是一些大型佛寺，例如光明山普觉禅寺，他们的僧侣只有十余人，都是寺庙的高管，下面设有管委会，由非宗教人士承担，他们听从寺庙的领导。这些非宗教的职工有三四百人，包括总务、宣传、出版、福利、水电工、勤杂工等等，这无形中就等于形成一种企业在进行运转，僧侣只是负责布道、讲经与联络事宜，他们只是作高管，要时时注意着与外界的竞争。正因为佛寺的世俗化倾向，促使了佛教建筑形式必然也要走现代化的道路，具体表现如下：

1. 新加坡佛教建筑型制的转变——逐渐由水平到垂直，由分散到集中。早期寺庙皆为低层，一般为 1～2 层。受中国南方寺院的影响，早期寺庙空间布局有着共同的特征：即封闭的院墙围合；轴线；庭院组织空间。较大的寺院有 2～3 进合院，如双林寺；小的则为一进合院，如天福宫。一般皆为南北轴线布置，拜佛进香。随着佛教建筑的世俗化发展，最后演化至一幢建筑，将其各种功能纳入其中，最为典型的是佛教居士林，空间在布局上由平面铺开向垂直方向发展。

早期寺庙空间以大殿为主，轴线分散布局，而现在新的佛教建筑空间日益出现集中化现象。这种现象不仅是为了满足日益增加的佛教徒的需要，而且更加体现出了佛教大殿由拜佛修行向传道说教的转变。改良佛教关注佛教哲学，提倡道德教育，以教化大众为职责，早已超越了早期单纯的神灵崇拜。大殿空间则随之大型化与多层化，有的大殿不仅供奉神像，还设置讲坛，而且在室内装修方面更加考虑聆听佛法的佛教徒的视觉及听觉方面的效果。现在大殿完全是集拜佛、修行、讲坛于一体，成为明显实效的多功能厅。这种形式完全是新型的，很好地体现出改良佛教以说教为中心的实用性性格。

早期寺庙拜佛皆由"长边"进，这是由其群体布局决定的，而在新加坡现在的佛教建筑中越来越多的大殿将入口置于大堂的"短边"。新加坡佛教信徒日益增多，加之合院建筑在这样土地资源贫乏的国家的布置很不适宜。为解决众多信徒拜佛的问题，许多大殿将大佛布置在大堂入口对面的短边一侧，充分利用长边空间，增大了信徒拜佛参禅的面积，而这种空间格局也是现在新加坡佛教建筑空间发展的趋势。

2. 新加坡佛教建筑外部形态的演化——由烦琐到简约，由复古到现代。闽南建筑最突出的特征是其精美细致的雕刻，自从佛教传入新加坡后，新加坡的早期寺庙建筑——如闽南建筑，极尽繁华之能事，但这些装饰在新加坡这样务实的国度中显得奢靡且不实际，它们花费极高又不利于维修。现代材料的使用也不适宜于这些华丽的装饰，更多的佛教建筑逐渐除却了这些装饰，仅采用一些简单的象征符号饰于立面，表明与中国或佛教有关。佛教徒已不再过多关注佛教建筑的外部形象，而是关注佛教本身，这种现象也是新加坡佛教建筑实用性、逐渐走向国际化的一种表现。

3. 新加坡佛教建筑潜在性格的转变——由内在到外向，由封闭到开放。在中国，从城市到宫殿，从寺庙到住宅过去皆用封闭的院墙围合成合院。早期新加坡寺庙因是由中国闽粤一带移民传入，也都是合院建筑，呈现出一种内敛的性格。国际化的进程使独立的新加坡逐渐走向开放，世俗化的佛教建筑也逐渐走向国际化，佛教建筑逐渐摆脱了合院的形制，以敞开的形式来适应改良佛教的需要，佛教建筑已不再是庭院深深，而是和普通的写字楼一样位于市区和道路旁，迎接各路信徒。同时，许多佛教组织也举办各种慈善活动，提供各种社会福利，这种举措也使佛教建筑的性格由内敛型向开放型转变。

现代佛教建筑的转型不仅在于它的外观形体上，而更多地在于其内在的、实际的性格上。如果说新加坡传统的华人庙宇，最初是作为对神灵的崇拜与寻求庇护，那么现在的佛教建筑可以说是面对大众，服务于大众，广泛宣传道德标准的一所现代化的公共建筑；如果说早期的华人庙宇还是维系华人移民之间的团结，是民族价值观的体现，那么现在的佛教建筑便是面对挑战，积极宣扬佛法，逐渐走向国际化的一种表达。

今天新加坡的新型现代佛寺从性质到外观都已有很大的转变，而且它的运营也在变化，大型佛寺中午一般都免费广施膳食，大型法会犹如哲学讲座，报告人多是资深的高僧或博士，报告前还有佛教交响乐演奏，它已成为一种新型的佛教文化体系（图23-1～图23-4）。

图23-1　新加坡双林寺大殿

图23-2　新加坡光明山普觉禅寺大殿

图23-3　普觉禅寺宏船纪念堂

图23-4　宏船纪念堂屋顶

24 访问新马泰

　　2004 年寒假，我们建筑系的工会组织去新马泰旅游，我也报名参加了，这次是休闲性的旅游，没有什么硬性任务，也没有什么调研要求，出去也用不着做什么准备就跟着大队人马出发了。我们一行大约有 30 人左右，从上海浦东国际机场出发，说是新马泰旅游，实际上是泰马新，先从泰国开始，我们第一站是泰国的曼谷。一到泰国，马上冬装就得换上夏装，棉衣全部收起，都得换上单衣，顿感舒适不少。曼谷是泰国的首都，街上房子很一般，只是一些公共建筑、寺院建筑和皇宫具有明显的民族特色。我们参观的第一个景点就是泰国的大王宫（图 24-1），金碧辉煌，装饰着泰式的细部构件，彰显出王室的尊贵，宫殿的建筑群也具有东方的特点，都是以院落为主的单层建筑为多，多层建筑很少。我在那里照了几张照片，买了一点纪念品，算是不虚此行。在泰国还去了个别佛教寺庙参观，礼仪和布局与中国相似，但有一点特殊的风俗，就是青年人都有到庙里见习当和尚的习惯，时间可以是一年或半年，一切遵循自愿，据说这样佛可以保佑其平安。同时，据说各种大小的佛寺内，所有和尚中午都是不开伙的，要到外面讨饭吃，早晚才正式开伙，老方丈的中饭则由小和尚代为乞讨，这种习惯已成传统，至于其中原因我们就不清楚了。泰国的传统建筑也是木结构体系，装饰细部比中国传统建筑复杂，色彩比较鲜艳，尤以金色使用较多。泰国有些新的现代建筑，往往下面几层做成简单

图 24-1 作者摄于泰国大王宫前，2004 年

的现代建筑体形，上层则做成泰式木构建筑的形式，犹如是在现代建筑上戴一顶华贵的泰式帽子。晚上我们参观了"人妖"表演的交响乐，是非常古典的演奏，有很高水平，据说曾到纽约大都会剧院表演过，绝不是滥竽充数。

　　第二天，我们乘飞机直飞普吉岛，这是我们此行的重点，飞机在普吉岛附近的城市降落，然后转乘大巴抵达普吉岛上的旅馆。普吉岛是泰国新开辟的旅游景点，位于泰国最南面的西侧，那里有椰林、沙滩和浩瀚的大海，碧波清澈的浅湾，这就是印度洋。在这个风景点内，还有各种补充的旅游项目，例如游艇、游泳、水下采风等，好静的年长者就躺在沙滩上也可以尽享自然乐趣（图 24-2）。

图 24-2　泰国普吉岛

离开普吉岛，我们乘旅游大巴一路南行进入马来西亚国境，1 个马币约等于 2 个泰币，和泰国以佛教为主不同，马来西亚以伊斯兰教为国教，但是马来西亚对佛教、基督教、印度教也给予传教的自由，不受限制，我们就参观了沿途中的印度教寺院和佛教寺院。在离马来西亚首都吉隆坡 40km 的布城（Putrajaye），原名太子城，1999 年建了一座粉红清真寺，又称水上清真寺，既有现代功能和技术，又有明显的传统外观特色，金色与红色花纹的大穹顶，外形呈洋葱状，尖券状的门窗，高耸的塔楼，构成了新颖而又有民族特色的构图，形成了杰出的现代伊斯兰宗教建筑（图 24-3）。我们当时正巧看到他们在做礼拜，女士都要披上长外衣，头戴头套，有时是粉红色的，有时是蓝色的，进门脱鞋，庄严肃穆，比佛教更甚。教堂周围还建有议会大厦、政府大厦等建筑，这组建筑不仅是行政中心，也是旅游的重要景点，来此参观的游客络绎不绝。

下午到了首都吉隆坡，不可避免地要去参观市中心的云顶双塔大厦，过去也曾经是世界最高建筑，为了安全起见，现已限制登临塔顶，但从外部与内部也能看出其技术与艺术的杰出水平（图 24-4）。整个市中心区都很新派，建筑群质量都很高，说明这个国家的经济水平也是很高的。晚上被安排住在云顶山上的旅馆，主要是方便旅游者参观云顶山上的游乐场与赌场，我因很累就没去，而且过去在美国与澳门也都见识过。

第二天，离开吉隆坡一路南行，不到半天时间，就到了马六甲海峡，这是从亚洲大陆转入欧洲的重要关口，也是从太平洋到印度洋的中转站，据说明朝时著名大航海家郑和的船队就曾到过这里，并给予当地恩惠。今天马六甲海峡地区仍保留着纪念郑和的祠堂（图 24-5），在祠堂的南面靠海放着一条 600 年前的木船样本作展览，其规模之大，设备之齐全，

图 24-3 作者摄于马来西亚布城的粉红清真寺前，2004 年　　　　图 24-4 作者摄于马来西亚云顶双塔前，2004 年

在当年实属不易。参观完马六甲海峡，继续南行去新加坡，一路上看到高速
公路两旁地上多半是橡胶林，据说马来西亚橡胶的产量是世界第一，另外锡
的产量也很丰富，热带农作物与水果也很高产。整个马来西亚环境秀美清新，
表现了富裕的生活景象，使我对这个东南亚小国刮目相看。车开到马来西亚
国境的端头新山市，对面就是新加坡的国界，两国之间仅隔着一条河，靠一
座桥相连，当晚我们就在新山市住下，等第二天一早过关，由于过关的人很
多，所以要求第二天起得很早。

　　新加坡原是马来西亚的一个州，1965 年 8 月 9 日独立，是一个道道地
地的城市国家，在早些时期曾是英国的殖民地。根据 2000 年统计，人口大

图 24-5 马六甲海峡郑和祠堂

约 402 万,居民中华人占 78%,其余是马来人、印度人、英国人等等。宗教多信奉佛教,占 42%,普通话为马来语,行政语言为英语,华语也在民间流行。新加坡地处赤道附近,一年四季温差很小,由于它受到海洋气候的调节,尽管是在夏天,太阳也不算太晒,一般都不会超过 35℃,我们曾暑假到这里进行过调研,也还能适应。尤其在夏季,当地每天下午 5:00 左右都会有一场阵雨,连续约半个小时,为城市降温,也为绿化浇水,因此这里的花草树木都特别葱绿,这可谓是上苍赐予的恩惠。新加坡是个小国,但也是一个现代化的国家,文化很发达,经济主要靠港口贸易、货物加工,政治体制以法制严明著称。前些年曾发生过这样的一件事,一个美国少年和他的母亲到新加坡旅游,孩子顽皮,曾用利器划伤了一辆汽车的车身,被警察发现,按新加坡法律,要处以两下鞭刑,虽然后来母亲就求助于美国总统,请新加坡总统减免,但最后只减了一鞭,还得执行一鞭的惩罚。这种鞭刑十分厉害,是用牛筋编成的约 2cm 直径的鞭子,要脱掉裤子受鞭,一鞭下去,就会皮肉开裂,痛得你死去活来,让你再也不敢触犯法律。小的方面也很严格,在地上吐痰与丢垃圾都罚款很高,以致社会文明之风得到发扬。

新加坡作为城市国家,在城市建设与居住问题方面的经验是值得许多国家借鉴的,他们通过实行大量廉租房的方法为工薪阶层及新参加工作的人解决必要的生活困难，深得群众欢迎，这些廉租房往往成片建设，也对城市交通与城市景观起到积极的作用（图 24-6）。

　　新加坡的国徽是狮头像，所以在许多景点处都有狮头吐水的雕像。新加坡的重要景点之一圣淘沙岛，既是一个海滨大公园，也是避暑胜地，同时也是天然游泳场。在市中心值得参观的就是新加坡剧院，榴莲状外形的建筑，总是引来不少人驻足拍照，它的顶部做成仙人球形的针刺状，实际上就是采光窗，内部也曲折高低变化，空间异常复杂，内部还附设有艺术展览馆（图 24-7）。城市中的办公楼与商业建筑都是现代派风格，几乎没有什么传统建筑，表现出一派新兴城市的面貌。城市中的宗教建筑虽多，但都分散各处，却也起到了画龙点睛的作用。市中心区有一块"China-Town"，是复制中国广州一带的街市面貌，又称之为"牛车水"，是餐饮与小商品的集中地。

　　新加坡国立大学位于城市边缘空阔的丘陵地带，占地很大，各个部门和系科都分散在一个个小的山冈上，学术水平在亚洲也属前列。它的建筑系质量也很好，只是规模较小，招生数不多，教师也较少，但图书设备都很齐全。我们曾去那里参观拜访，感觉还是挺好的，中国也有一些学生来此学习，他们的系主任也是华人，他和国内有些学校也有交流。

图 24-6　新加坡的廉租房

图 24-7　新加坡剧院

25 访问宝岛台湾

　　2006 年上半年，我应台湾正修科技大学的邀请去进行学术交流，同时到各相关学校作学术讲座。由于当时该校建筑系有两位教师许铭哲、梁宇元正在跟我读博士学位，因此他们二人就护送我和夫人同飞到香港，然后再转机到高雄，正修科技大学就在高雄市。由于在香港转机中间大约要隔 4 个小时，我们就去香港市中心看了看，再次仰望了汇丰银行新楼的高技派外观，同时也对比了贝聿铭的中国银行新楼的秀美英姿。二者一壮一秀，的确增添了城市艺术的特色，尤其是中银旁边的叠落式瀑布也为繁华的闹市区衬托出了一丝文静的氛围。恰巧当时是一个周末，广场一角有许多菲佣（注：即菲律宾在香港打工的女佣人）聚集在一起，穿着各色衣衫，互相交流着她们的经验，无形中形成一道城市的特殊风景线。

　　我们在香港市中心区拍了一些照片留作纪念，就匆匆赶回机场等待转机（图 25-1）。香港新机场确实太大了，对我们这些老年人来说的确比较吃力。大约经过 2 个小时左右，就从香港飞抵了高雄，相比之下，高雄机场就小多了。到高雄后，许铭哲就先乘车回家去把自家车开来了机场，然后我们就一齐乘他的车到了高雄的圆山饭店住下。这时天色已黑，但仍隐约可以看到这座饭店是一座完全仿古的建筑，琉璃瓦顶和彩绘的梁枋，尽显豪华之风，这是把我们当作贵宾来安排的。

图 25-1　作者与许铭哲、梁宇元在香港合影，2006 年

　　第二天，梁宇元和许铭哲把我们接到正修科技大学。这是一所民办大学，校园与校舍全是新规划和新建的，学校的全部建筑都有统一的风格，简洁、明快，渗透出新的气象。我们到建筑系，同样是一股新的氛围，教职工大多是中青年教师，在教学中也有一种探新的精神。见了他们的系主任和有关教师后，我被安排作了两次讲座，夫人邓思玲被安排作了一次讲座。我的两次讲座是：中国古典园林艺术的精粹，世界当代建筑发展的趋势（图 25-2）。夫人邓思玲的讲座题目是：金陵画派的艺术特色。几次讲座，都受到了热烈的欢迎。此后，正修科技大学的校长还亲自进行了接待，并赠送了纪念品，我也回赠了我的两本主要专著：《现代建筑理论》与《澳门建筑文化遗产》（图 25-3）。这说明我们和台湾学界之间是十分友好的，是受到欢迎的。在讲座之余，我们也参观了学生的作业与教师的作品（图 25-4）。

图 25-2　作者在高雄正修科技大学作讲座，2006 年

图 25-3　作者接受台湾正修科技大学校长赠送的礼品

图 25-4　作者在正修科技大学建筑系参观

在正修科技大学完成预定计划后，由许、梁两位先生陪同我们去台南访问了台湾成功大学，这是台湾最早有建筑学科的大学。这所台湾名牌大学，校园较大，多半是二三层的红砖校舍，分散而成围合状，中间是一片绿地，开阔舒畅。据说成功大学建筑系的创始人很多都是来自南京中央大学的校友，所以也可以想象他的教学体系也和当前中国大陆的建筑教学体系有着千丝万缕的联系。我们在成功大学建筑系，也受到了热情的接待，同时也见到了老朋友，著名的建筑史学家傅朝卿教授，在他们系里被邀请作了一次座谈，来的师生很多，互动十分热烈。会后在一家西餐馆进行了小聚，又继续讨论着我们共同关心的话题。梁、许都是成功大学的校友，这次重返母校也自感亲切。

我们告别了成功大学，沿着北上的路线，先到了宝岛台湾著名的风景点日月潭小憩（图25-5）。日月潭实际上是一座大湖，远望水面汪洋，周围山峦起伏，很像大陆地区的太湖风景区，岸边立有"日月潭"的石刻标志。周边远处还散布着一些景点，比较接近大自然风景区的氛围，颇具淳朴天然之

图25-5　作者摄于宝岛台湾日月潭，2006年

趣。离开日月潭后，我们去了一处著名的佛寺，那就是鼎鼎大名的"中台禅寺"。它既古又新，古是因为它有悠久的历史，新是因为佛寺建筑是新建的，而且表现了与传统完全不同的手法和形式。这座佛寺一改传统习惯，将主体建筑做成高层建筑，大殿、讲堂都坐落在高楼之上，信徒与僧侣都得通过电梯上到高楼聆听高僧的讲道。设计人据说是李祖原。

中台禅寺是宝岛台湾的佛教中心，它的高僧不仅很有学术地位，而且不少僧侣与女尼都是受过高等教育的知识分子，他们常常涵盖有许多专业，可以为佛寺开办许多企业性的服务。据说成功大学建筑系的一位女毕业生就在该寺任基建的主持人。这所寺院还开办有小学、养老院、医院等许多社会公益机构，俨然成了一处佛教社会。这种将佛教融入社会的潮流，如新加坡一样，已成了一种现代化的趋势。到这里来参观的旅游者络绎不绝，中午也有慈善性的免费午餐，门口有一个功德箱，任凭捐助与施舍。另外，法鼓山禅寺也有相似之处。

离开中台禅寺之后，我们就直奔台北，当晚就住在台北的一处酒店里。

第二天，我们去访问了台北的"中国科技大学建筑系"，这也是一所民办大学，不过规模比较大，建筑系也还有点名气。那里有位骨干教师，叫闫亚宁，他曾是东南大学建筑系的博士，我们还比较熟悉。久别重逢，倍感亲切。在那里，我被邀请作了一次讲座，然后进行了座谈，气氛还比较融洽。然后，我们去台北参观了一些名胜景点，同时联系了台湾的一名同济的博士校友，名叫戚雅各，在台湾是一名活跃的建筑师，他在同济博士毕业答辩时，我曾是他的答辩委员会主席，联系到他之后，非常热情，当即邀请我们去参观当时还是世界第一高楼（508m）的台北 101 大厦（图 25-6），高楼顶层正中有一个圆球形的平衡锤，是用作防震的，科学性十分明显。它的外观据说是吸收了中国传统的装饰特点，设计人也是台湾建筑师李祖原，他在台湾地区与大陆地区都有不少作品。在台湾，我们还访问了台湾剧院与台湾音乐厅，都是纯粹的仿古建筑，道地的清官式木构外形，彩画与琉璃瓦屋顶一应俱全，复古程度可谓无以复加。台湾，除了公共建筑具有一定的成就外，住宅区规划与单体设计也都显得非常有生气，多层建筑的空间组织与绿化的配合，建筑功能的灵活与外形的简洁，颇有舒适休闲之趣。台北的城市街道和福建的大城市街面相似，除了特殊地段外，并没有很多的高楼大厦。这次没有去访问台湾大学，因为他们没有建筑系。有些知名学者如夏铸九、李乾朗、吴光庭教授一时也没有联系上就匆匆忙忙地打道回府了。反程，我们从台北回到高雄，再从高雄经香港回到南京。前后大约十天的时间，好像是已经过了很久很久，实际上是看了很多的东西，还待慢慢消化，这里所记载的只是回忆的片段，就算是一个阶段性的记录吧。

图 25-6　作者摄于台北 101 大厦前，2006 年

26 访问日本

2007 年秋，我和李百浩教授应日本神奈川大学邀请，前往日本进行学术交流（图 26-1）。主请的教授是高桥志保彦先生，他和我们在中国曾有过友好的交往，这次也算是邀请回访吧（图 26-2）。高桥教授家住藤泽市，离神奈川大学所在地横滨很近，为了节省开支，他就安排我们二人暂住在他家。正好他家有邻近的两所房子：一所是新居，自住；另一所是传统的日本民居，可以招待客人住宿，我们就住在这所传统的日本民居内，倒能体验一下传统民居的特色（图 26-3）。这所日本民居是一幢纯木构的单层建筑，室内地板约高出外部地面有 40cm。卧室内还保留着榻榻米地铺，室内没有椅子，只有一些条案可以放一些装饰品，墙面上还布置着一些中国的书法、国画镜框。周围墙壁是木隔断，内部门窗都是纸糊的推拉门窗，显现出典型的日本文人家居的布置。

我们在日本神奈川大学被安排作了讲座，也进行了座谈与聚会。我的讲题是中国古典园林的艺术特色，李百浩的题目是中国近现代的城市规划。来听讲的师生跟我们互动很踊跃，效果也很好。

完成了神奈川大学的学术交流活动后，第二天，我们就在高桥教授的陪同下去藤泽市鹄沼海岸寻找聂耳纪念碑。这不是一座出名的建筑，但却是很有意义的建筑。我们找了很久，终于在一处不显眼的地方找到了。这是日本

图 26-1　作者与李百浩教授合影于日本，2007 年

图 26-2　作者与高桥教授合影于日本，2007 年

图 26-3　我们住的日本民居

人民为了恢复日中友好，于 1954 年在藤泽市鹄沼海岸为中国音乐家聂耳建造的纪念碑，由山口文象设计（图 26-4）。位置面对这位音乐家于 1935 年游泳溺死的海滨。周围环境空旷，占地约 100m^2，在一片方石铺地的上面建有两块各约 2m×2m 的方形石块，一高一低平放，高的约 1m 高，略呈梯形，低的 0.5m 高，二石交错而立，高石块的面上刻着聂耳的名字。造型简洁淳朴，表现了人民音乐家的本色。在高石块后面还立着一片石墙，上面嵌有聂耳的头像。原来这处纪念碑立于空旷的环境之中，后来便于保护，在周围加上了一圈围墙，高 2m，在纪念碑的旁边还新增了一块竖立的碑记，上面刻着藤泽市知事的铭文，说明建造经过。这座纪念碑虽然很平稳，但给我的印象却很深刻。

图 26-4　日本藤泽鹄沼海岸聂耳纪念碑

在高桥教授家住了几天以后，我们依依不舍地告别了。余下的时间我们想借机去参观一些我们感兴趣的地方。由于我们这次去日本访问，既没有跟旅游团，也不是新建筑的考察组织，所以不可能遍访日本的名胜古迹和新建筑的所有名作，我们只能选择感兴趣的少数重点进行参观，其他的只能作一般性游览，挂一漏万在所难免，但也算补充自己向往已久的观赏愿望。

离开藤泽之后，我们到东京、奈良和京都有选择地参观了一些新老知名建筑。东京的市中心自然是要参观的，丹下健三设计的高层政府办公楼巍然耸立，完全起到了中心控制作用，给人的印象是雄伟壮观，不失政府气派（图26-5）。在代代木奥运会大、小体育馆范围内（图26-6），也仍然遗留着一种永久纪念性的象征，使人久久难忘。这些建筑名作都已在各种书刊中有过详细介绍，这里就不再赘述了。

然后，我们一行人到了奈良，当然要看看法隆寺、唐招提寺的现状及体会一下亲历者的感受。法隆寺是日本现存最古老的历史建筑，其奈良时代所遗留下来的木构遗物虽经多次修葺，但仍保持着原状，给人一种古老、淳朴的明显印象，金堂与五重塔的大挑檐，不亲眼所见，简直难以想象木构建筑竟然能造得如此神奇，不能不令人折服古代建筑的高超技艺（图26-7）。到唐招提寺时，不巧大殿正在修理，只能看看它的周围环境与附属建筑，气势也很恢宏，表现了十足的唐风。接着我们就去参观了东大寺，规模十分巨大，建筑物都很壮观（图26-8），随处可见的小鹿，很有特色，但无约束的小鹿随处拉屎，也颇煞风景，使人生厌。奈良现在的街市已都是近现代房屋，没有什么特殊的历史遗迹。

图 26-5　东京都市政厅

图 26-6　东京代代木体育馆

图 26-7　日本奈良法隆寺

图 26-8　日本奈良东大寺　　　　　　　　　　　　图 26-9　京都国际会馆

　　最后，我们去了京都，这里有许多要参观的项目。我们先是草草地看了平安京的遗址，少数几幢复原的城门楼，雄伟壮观，气派十足。

　　在参观古建筑之余，我们也抽空去参观了大谷幸夫于 1963 年设计的杰作——京都国际会馆，这是在京都城郊的一座国际会议中心（图 26-9）。建筑造型含有隐喻内容，并采用了日本传统手法，外观远望有一点像双手交叉，象征着国际合作。这是一座很有特色的日本现代建筑，其创造性受到了一致的好评。

　　接着我们还专门抽时间去参观了金阁寺、银阁寺以及一些其他的寺庙与园林，同时也专门参观了枯山水龙安寺的"石庭"。至于桂离宫和修学院离宫是这次考察的重点，我们留着第二天专门去仔细品赏了。

　　还有一些时间，我们又去参观了大阪海岸旁的关西国际机场（Kansai International Airport），建于 1988—1994 年。机场候机楼是新技术应用的典型实例之一（图 26-10）。机场建造在大阪海湾泉州海面上一个离陆地 5km，大小为 4km × 1.25km 的巨型人工岛上，是日本第一个 24 小时运营，年吞吐量约 2500 万旅客的海上机场，总共投资 1 万亿日元。由于工程浩大、选址特殊而举世瞩目。在 52 个方案的竞赛中，意大利建筑师伦佐·皮亚诺一举获得头奖。皮亚诺方案的特点是将建筑、技术、空气动力学和自然结合到一起，创造出一个生态平衡的整体。候机楼的外部造型像是一架停放在绿地边缘的"巨型飞机"。在关西机场的设计中，屋顶形式是由"空气"这种无形因素决定的，因为它遵循了风在建筑中循环的自然路径，如同在软管中的水流，而结构正是因循这条曲线而构成的，候机楼的屋顶跨度为80m，轻质的钢管空间桁架由双杆支撑，并共同构成一个拱形作用的角度，从而获得了结构上的效率及侧向的抗震力，尤其它的细部节点做得非常精巧，起到了结构与装饰的双重作用（图26-11）。整座建筑底层面积达9万平方米。皮亚诺设计的这座大跨度建筑力图让人们同他一样地相信："这座建筑或许会成为20世纪末最杰出的成就。"

图 26-10　大阪关西国际机场候机楼　　　图 26-11　关西国际机场屋架节点

27　日本古典园林访问记

日本最著名的桂离宫与修学院离宫都是日本皇家园林，也是世界文化遗产，下面就将在当时的访问记摘录于下。

■ 桂离宫——日本古典第一园

桂离宫是日本皇家园林的代表作。它的风格自然淡雅，布局结合书院与茶室内涵，形式颇有特色。园林以水池为中心进行设计，散置小岛、石桥、土桥、木桥、石灯笼及周围建筑，组成了闻名遐迩的日本古典园林。

2007年11月我有幸到日本访问，亲身体验了日本庭园艺术的魅力，尤其是久负盛名的桂离宫更是令人流连忘返。日本园林最早虽受中国造园艺术的影响，但经过长期改进与创新，已逐渐形成了具有日本特色的园林艺术，呈现为东方造园的新秀。日本古典园林一般可分为池泉式（林泉式）、筑山庭、平庭、茶庭、枯山水等类。其中池泉式即中国的山水园，多用于大型庭园中，有时也结合茶庭的布局，桂离宫就是这一类型的代表。园内地面常用细草、小竹类、藤蔓、苔藓类等植被满铺，单株观赏树木与绿篱常进行修剪，形成一种在自然式布局基础上的人工点缀，具有强烈的视觉效果。在山石方面，日本园林很少大量用石叠假山，一般用土山和散石布置方式，还常用石桥、石灯笼、水手钵、飞石铺路等手法。在建筑方面，大型园林常以书院建筑为主体，茶室为辅，再配以若干不同形式的亭、轩之类。书院与茶室内部均以榻榻米为平面布置模数，房间分隔常用木隔断与木格推拉门，地面多为架空的木地板，屋顶用树皮坡屋顶构成，使日本园林建筑具有朴素淡雅的风格，不仅没有刻意表现华丽的皇家气派，也不似中国私家园林精致玲珑的风韵。

桂离宫以其自然典雅的特色闻名于世，目前是世界文化遗产，保护得相当完善，凡参观者都必须在一个月前向日本京都宫内厅申请，得到预约后方可参观，每天只限 300 人，而且还需在专人引领下参观，其规定之严，实为少见。因此，园内设施与生态环境几乎与旧时无异。

桂离宫是日本主要的三大皇家园林之一，位于京都市西南郊右京区桂川西岸，原名桂山庄，或称桂别业，因桂川在它旁边流过而得名，并非是园内种植桂花之故。桂山庄的前身是平安时代中期的公卿藤原道长的别庄"桂家"，后历经沧桑，园已荒废。17 世纪初为智仁亲王所得，乃决定筹划新的桂山庄，于 1615 年开始创建，1624 年初步建成。1629 年智仁亲王辞世，桂山庄遂又荒废。直到智仁亲王长子智忠亲王长大成人，因与大封建主前田利常之女富娘结婚，得到了大量财力支持，遂于 1641 年筹划重现桂山庄昔日风采，1645 年进行大规模扩建，1649 年完成。此后，1662 年因后水尾上皇即将驾临，又增建了新御殿，使其与书院相连，此时全园占地面积已达 69000 m^2，是池泉式园林与茶庭相结合布局的典型实例，也是日本古典园林的第一名园。

智仁亲王在当时被封为八条宫，他酷爱中国传统文化，23 岁时追随细月川幽斋学习，精通绘画、音乐、花道、茶道、造园。他的长子智忠亲王，也是一个文人，也喜欢造园。所以桂离宫可以说是日本文人造园的代表作，在桂离宫里充分反映了智仁、智忠亲王父子的艺术构思。关于桂离宫的具体建造者，据考证是江户时代最著名的造园家小崛远州的弟弟小崛正春，所以具有小崛远州的造园风格。桂离宫这座池泉式古典园林，内容丰富，主次分明，空间开阔，曲径通幽，景观秀丽，色彩淡雅，水面汪洋，池岛相依，洄游与舟游均相当得宜。

1883 年桂山庄成为皇室的行宫，并改称桂离宫，归当时的宫内省管辖。1976 年日本政府为了保护这一珍贵的世界文化遗产，开始对桂离宫进行全

图 27-1　京都桂离宫平面图

面的维修。在文物、园林与建筑专家的严格监督下，工程经过 5 年多时间，于 1982 年 3 月竣工，使这一古典园林又焕发了青春魅力。

我们为了参观这一名园，一大早就在两位日本朋友的陪同下，驱车来到桂离宫的大门前。那是一个秋高气爽的季节，天空蔚蓝，万里无云，离宫前广场上寂静无人，由于时间较早，离宫还没有开门，宫前的一片松林清幽葱翠，偶尔有几只喜鹊在枝头鸣叫几声，划破清晨的宁静。最初见到离宫的大门，使我不禁猛然一惊，这座由竹片编制成的双扇大门镶嵌在木柱固定的竹篱笆围墙上，围墙高约 2m 多，这竟然就是闻名遐迩的桂离宫大门，它和中国的颐和园或避暑山庄的风格实在是型制迥异，各有特色。时间慢慢地过去，慕名而来的参观者渐渐多了起来，终于在大门右侧砂石路尽头的侧门打开了，我们依次进了接待室，领了说明书，看了录像介绍，然后在导游的引领下进行了大约一个半小时的参观。

全园以水池为中心，散点着五个大小不同的岛屿，所有景点都围绕着水池布置，池中两座相连的中岛成为构图的焦点，吸引着各条园路的视线，成为美妙的对景（图 27-1）。园中水面是引桂川之水，清澈纯净，池边多用草皮土岸，不少岸边用竹筒竖立密排，顶部高出水面少许接近草皮，以挡土岸流失，颇有一些新意，这样可以使草皮尽可能地接近水面，以获得水面汪洋之趣。池中岛上散石与苍松相映，结合着周边的单石桥、石灯笼、乱石滩，形成了一幅幅自然风景画的缩影（图 27-2）。桂离宫的主体建筑是书院，它是由古书院、中书院和新御殿三部分组成的复合式建筑，平面复杂，形体纯朴清秀，色彩明快，外观轻巧空透，底层架空形成木构平台，具有典型的日本建筑特色。

我们随着导游先到"御幸门"，即离宫大门（表门）内的

图27-2 桂离宫中岛上散石与苍松相映

第一座内门,一座简朴的茅草屋顶大门。然后折回御幸道,是一条用白色砂石铺成的园路,两旁是低矮的绿篱和竹丛,在有序中渐渐步入自然环境。继而折往红叶山,这是一条飞石铺成的山路,道路弯曲蜿蜒,四周多为红枫掩盖,路旁均为苔藓蔓生,顿时形成一片野趣。继而来到"外腰挂",为园内举行活动前的等待室,是一座木构的茅草亭,地面土石相间,四周墙面透空,里面放着一条长长的木椅,形制非常简朴,似乎是有意构成一种过渡的特色。过"外腰挂"继续前行,沿着池岸直到一座弧形土桥,这是因为在木桥面上覆土之故,以显自然本色。桥头林木掩映,前面便是隐隐约约显现出的"松琴亭",它是园内主要的茶室所在地,周围三面环水,既是园中主要的观赏点,也是全园各处的重要对景,造型纯朴轻巧,是茶室的典型作品(图27-3)。过松琴亭后沿池岸南行转弯过桥便来到"赏花亭",再到"园林堂"。园林堂是一座与众不

图27-3 桂离宫松琴亭内部

图 27-4 桂离宫古书院与月波楼远景

图 27-5 桂离宫古书院的明快外观

图 27-6 桂离宫园林石景

同的佛堂，原来是智忠亲王献给他父亲的佛堂，型制比较严谨，采用中国传统式的筒瓦屋顶，内部也比较封闭，与周围观赏建筑形成强烈对比，更显其性质的特殊。然后再经过"笑意轩"，最后到达"古书院"与"月波楼"的前面（图 27-4）。

古书院是全园最主要的建筑，体量较大且复杂，朝池岸的南面设有"月见台"，是高起的木构平台，主要供观赏月光之用。书院旁的"月波楼"也是赏月佳境。秋季，月光映入池中，景色更佳。古书院是智仁亲王最早在山庄内兴建的屋宇，也是其生活起居之处（图 27-5）。里面有四个房间，还有厨房、厕所、浴室等，然后扩建的中书院、新御殿与其交错相接，形成一个整体。古书院和中书院的位置分布在东南方向临池的一面，新御殿则退后位于西南角。因此，古书院与中书院的位置使之能在夏日避免阳光的直晒，冬日获取阳光的温暖，而在秋天则能欣赏满月。因为房屋的高度不同，使得房顶能以其悬垂的屋檐创造出千姿百态的优美韵律。中书院通过一个保存乐器的房间与新御殿相连，而围绕中书院的则是用来弹奏乐器的宽阔露台。书院与新御殿周围植有四季花木，春天有日本樱花和杜鹃，夏天有荷花，秋天有菊花，冬天有茶花和梅花、水仙花。正当游览方兴未艾之际，游览路线已到尽头，我们只好带着依依不舍的心情离开了令人流连忘返的桂离宫。

综观桂离宫的园林艺术，充分体现了日本古典园林的特色，在天人合一的理念上具有超尘脱俗的表现，纯朴淡雅的建筑风格非常贴近大自然的形态。它那修剪的树丛与自然植被结合的手法，强调了古典园林有序与浪漫思想的交织。池岛相依的布局，松石结合的画面，加上散点的石块、多种多样的石灯笼、石桥、水手钵、乱石滩，都彰显出文人雅士审美的情趣（图 27-6）。古典园林美的重点是静态美、文化美、纯朴美、诗意美的体现，而桂离宫正是理想美与现实美结合的典范。

图 27-7 作者摄于京都修学院离宫，2007 年

■ 修学院离宫的园林美学

一、概况

在中国，一般人谈到日本庭园，大多知道桂离宫的大名，却很少有人了解修学院离宫的园林艺术。其实，修学院离宫是日本三大皇家园林之一，也是世界文化遗产，它在造园理念方面对自然的膜拜更为突出，充分体现了日本池泉式园林的山水美学观（图 27-7）。

修学院离宫位于日本京都市东郊左京区比睿山麓，始建于 1655 年，直到 1699 年完工，建造过程前后达 44 年之久。该所离宫是专为后水尾上皇退位后建造的休闲园林，它力求利用自然山水之美，以达到超尘脱俗的意境。离宫的整体构思是上皇亲自制定的，甚至连模型都由他亲自指导制作。修学院离宫根据地形高低分成三个分离的部分，称之为下离宫、中离宫与上离

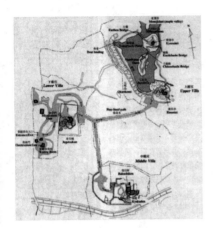

图27-8　京都修学院离宫总平面图

宫。然后分别用松林道串联起来，以不破坏现有的农田为基础，把农田组织到园林的整体布局之中，达到山水与田园结合的意境。松林道两侧广大的农田象征世外桃源，尤其是秋收季节，一堆堆金黄色的稻谷遍布田野，映衬在夕阳的余晖之下，真是令人陶醉（图27-8）。

二、下离宫

修学院离宫的主要入口朝西，也是下离宫的大门，最接近市区。下离宫占地4390m²，面积最小。离宫的大门是用木框加竹条编制成的双扇门，高2m多，门两边是竹笆墙，门框与墙间用一些高起的方形木柱支撑，以作为固定结构的构件。修学院也和桂离宫一样，需要在一个月前预约才可进入，大约30人组成一队，在专人的引领下进行参观。进入大门后，迎面就是一条白色砂石铺地的园路，两旁林木苍翠，路边还有绿篱与散植的小树，给人以一种严谨的序曲。接着先向北到御幸门广场，然后经过一个门廊御舆寄进入寿月观，这是下离宫的主景区。寿月观平面呈马鞍形，立面单层，底层架空，正面有一条空廊，上部为歇山屋顶，出檐很大，四周都是木板墙壁和推拉门窗，表面为一片磨光的原木本色，加上梁柱纤细，显得十分轻巧，是起居观赏的主要场所，也是茶室所在地。建筑前地面是用白砂铺地和飞石铺成的步道，显得有些自然野趣。建筑物的西南面布置有自然式的水池与水湾，水源由上离宫引下，经两道瀑布汇入池中。周围还散点着一些石阶和石灯笼、单石桥，以及石岸、土岸，虽环境局促，倒也自然清逸。寿月观不失为修身养性与品茶之佳境，上皇曾在此举行歌会和宴会，是整个离宫的主体建筑。

三、中离宫

出下离宫东门，经过一条松林道通向东南方向，便可到达中离宫。北面有一座两扇的木框竹片门，型制与下离宫相仿。中离宫占地面积约 6900 m²。原来此处是林丘寺旧址。1682 年，后水尾上皇的八公主朱宫光子曾把上皇及其母建造的福门院的客殿和自建的乐只轩合并成林丘寺，自身削发为尼，在寺中修炼。直到 1885 年皇室才将寺院旧址归入修学院离宫。1886 年皇室将林丘寺与书院移建到现在中离宫的东北侧，形成一组新区，即现今的林丘寺，内部与离宫相连。中离宫目前的范围包括外门、中门、乐只轩、客殿及南面庭园。乐只轩与客殿在角部相互连接，形成一个整体，使得中离宫布局紧凑，南面水池、瀑布、石梁，石灯笼亦点缀得体。乐只轩由于原来是寺院建筑，因此屋顶为瓦顶，显得较为严谨，而其前面则出空廊宽檐，底部木构架空，前院置飞石道，仍表现出轻快自然的情境，人们在此小憩观赏，颇有宁静致远之意。园内主植白色山茶花，纯洁素净，与主题意境非常吻合。此园虽范围不大，但满目苍翠，乔木参天蔽日，环境十分幽静。

四、上离宫

出中离宫大门，再沿松林道向西折向北至上离宫南面广场，进入宫门后有一条环形园路，环绕着宽阔的浴龙池，中间有三个大岛和两个小岛。全园位于山腰平缓的坡地上，平均水平面较下离宫地面约高出 40 m，从园中各处景点均可俯瞰周围景色。上离宫位置最高，占地面积也最大，全园约有 45900m²，由于靠近山峦，也便于对自然山林的借景，使得人工园林与天然山景融为一体，造成景观无限宽阔的效果。游人进入园内，先向右上至邻云亭，居高临下，山色水景尽收眼底，这里既是观赏景点，也是茶室位置，使用与观赏二者俱佳。邻云亭的建筑造型开敞明快，既不失上离宫内主体建筑之地位，又具有纯朴的风格，是全园的精华所在。上离宫内的浴龙池是引入音羽川之水，经两条高低不同的雄瀑与雌瀑流入浴龙池。池中的三个大岛分别是三保岛、中岛和万松坞，象征蓬莱仙岛。中岛与东岸间建有枫桥，与西岸间建有土桥连接。岛中建有穷邃亭，构成环路中的主要景点。中岛与万松坞之间建有千岁桥（图27-9），是1842年由大将军德川家齐为光格上皇修建的。桥墩用条石砌成，桥面亦为石条，桥上建有二亭一廊，成为廊桥，型制新颖，在全园景观中异常突出。在桥头植松树，称千贯松，与万松坞松林连成一片。经中岛过土桥洄游到西滨，这是一道宽大的土堤，既可拦挡池水，又使山坡植被增色，层层常绿树与落叶林混植，使得山下山上犹如形成一道道绿色屏障。沿池周边的船坞、红叶谷掩映于苍翠的树木之中，尤其是秋季，红、黄树叶参差在一片绿林之间，景色更为迷人（图27-10）。在池中诸岛与浴龙池边缘多用土岸，为了临水草地不致流失，均用长条毛竹侧放护岸，或用竹筒竖立密排挡土，是一种特有的技术，一眼望去极其自然。修学院离宫的上离宫是整个山庄观景的主要重点，其造园风格的纯朴诗意，茶室的淡雅，园路的曲折，山水之浩渺，借景之宽广，都已达到人工与自然景色融为一体的境界，是日本池泉式古典园林的杰作。

五、结语

综观修学院的造园艺术，最突出的园林美学思想是对自然的膜拜。首先表现在充分利用自然的山景作为园林的背景，使园林与山色融为一体，景观自然开阔。其次是把农田结合到园林布局之中，使园林美与田园美相得益彰。第三是因地形高低分成三个独立部分，既可以不破坏现有田园风貌，又可以在不同的离宫中获得不同的景观，尽享世外桃源之趣。

图27-9　修学院千岁桥　　　　　　　　　　　图27-10　修学院池岸秋景

28　研究密斯·凡·德·罗

20 世纪 70 年代末，由于改革开放的需要，中国建筑工业出版社计划出版一套国外著名建筑师丛书，出版社邀请我选择一本撰写。盛情难却，我选择了密斯专集，这与我的兴趣也是分不开的。要写书就要收集资料，就要进行调研，就要进行深入研究与思考，以便能给读者以满意的答卷。我曾尽力寻找在国内可能找到的相关文献资料，同时也到美国收集了相关的资料。在此基础上，我开始了艰难的研究与写作过程。

在所有的现代建筑大师中，我喜欢密斯。1992 年，中国建筑工业出版社出版了由我撰写的《密斯·凡·德·罗》建筑专集。回想起这本书的写作过程，前后差不多经历了十年之久。为什么首先选密斯，可能是由于个人的偏爱。我喜欢他那种尊重古典秩序的精神但却用现代的语言去进行诠释，我喜欢他那种简洁的手法与水晶般的造型，我喜欢他那种流动空间的处理与通用空间的灵活，我喜欢他那种把结构的构造能融为建筑的装饰，我喜欢他那种讲究建筑精美的细部推敲，使人百看不厌。密斯的个性非常突出，这正是形成密斯风格（Miesian Architecture）的主要原因。

记得 1981—1982 年我在美国耶鲁大学做访问学者时，就借此机会开始收集密斯的文献资料与调研密斯的作品，然后还通过友人的关系到密斯生前的事务所索取了部分珍贵资料和图片。同时在写作过程中，还得到伊利诺伊

图 28-1　密斯像

理工学院建筑系赠送的部分内部资料，使我如获至宝，我在我在整理消化这些资料后，最后才形成了这本专集。这本稿子的完成，给我留下了一些难以磨灭的印象。

一、密斯的姓名与性格

密斯（1886—1969）出生在德国亚琛一个石匠的家庭。他的名字特别长，他姓密斯，名路德维希，后来为了表示对母亲的敬仰，又加上了母亲的姓"凡·德·罗。"所以他的全名应该是路德维希·密斯·凡·德·罗（Ludwig Mies van der Rohe），一般都简称他为密斯·凡·德·罗或称密斯（图 28-1）。

密斯早期成长于德国，是提倡现代建筑的主将。后移居美国，将其现代建筑理念作了进一步发展，成了现代建筑四大师之一。密斯的母亲是荷兰人，所以他既有德国人坚强简洁的性格，又带有荷兰人细腻的作风，加上密斯从小就受到父亲的石匠工作的精致质感影响，铸就了密斯建筑简朴精炼的风格。作为一位闻名遐迩的建筑师，他并未受过正规的建筑教育，精湛的建筑技艺与独到的建筑观点是他刻苦自学及得到名师彼得·贝伦斯（Peter Behrens）的指点才逐渐形成的。

密斯是一位个性鲜明的建筑师，"少就是多"正是他建筑创作的座右铭，并始终不渝。密斯认为"真正的形式是以真正的生活为前提的。我们不应过多地凭结果来评价，而应更多地看其创作过程。"

在创造精神方面，一般有两种不同的类型。一种人的创造精神在早期就奠定了基础，他的哲学观点是始终如一的，并且在不断地推敲与完善，但是他却从不改变他的结构。著名的法国哲学家和数学家笛卡尔（Rene Descartes，1596—1650）就是这种类型的代表人物。

还有一种创造精神，不是在年轻时代就把思想固定下来的，这种创造精神是在不断发展、继续运动的，它包括整个生活历程。德国哲学家和诗人歌德（Johann Wolfgang von Goethe，1749—1832）就是这种永恒变化和发展精神的类型。

在现代建筑师中也出现了类似的现象。密斯·凡·德·罗就是属于笛卡尔类型，他在早期阶段已经确定了他的建筑哲学思想，并在他整个生活历程中，根据时代的需要不断进行推敲与完善。而勒·柯布西耶则与他相反，属于第二种类型，他的建筑哲学观点是在不断发展的，他的空间概念是不断变化的，他在内部空间与外部空间之间不断地在寻求着一种新的平衡。

从 20 世纪 20 年代初开始，密斯·凡·德·罗就认识到了玻璃墙面与框架相结合的艺术表现将成为新时代建筑的标志，当时他就感到要进一步继续去发展这种可能性。他使钢与玻璃这两种工业材料得到了精确的结合。尤其是在细部节点上作了认真的推敲，并考虑了比例上的微小变化。

密斯为了赋予空间以生命力，为了使它能够具有比较鲜明的建筑表现，在没有把一切形式都精简到最纯净的地步之前，他决不停止。他一直是比较强烈的坚持使当代建筑组成因素之一的平墙面做成最光滑和最透明的玻璃墙形式。这种对纯形式的追求反映了他对材料与构造性能认识的结果，曾对美国建筑界产生极大的影响，并且成了美国建筑风格与新空间概念结合的杰出代表。

二、古典的现代诠释

在建筑的发展历程中，不乏有许多建筑大师都崇尚过古典建筑，并且都有过许多新的贡献，例如帕拉第奥和辛克尔（Karl Friedrich Schinkel）都是在不同时代推动着建筑发展的卓越人物。密斯·凡·德·罗同样是弘扬古典思想和秩序的现代建筑大师，由于他生活在新的时代，他必然要用现代的精神去诠释，以满足新时代的要求。

密斯的古典情结不是偶然的。他的故乡亚琛古城曾是查里曼大帝（742—814）时代神圣罗马帝国的首都，中世纪初期西方文化的中心。那里有许多历史上留下来的古建筑，这些建筑大都造型壮观细部精美，对密斯有很大的吸引力，导致了他要当一名优秀的建筑师。后来他来到了彼得·贝伦斯事务所工作，在那里他获益良多，并且与师兄弟格罗皮乌斯、勒·柯布西耶有了经常切磋的机会。

贝伦斯是 20 世纪初德国主要的先进建筑师之一。他一方面在探讨着新手法的同时，也在探讨着对新古典传统的重新认识，他认为古典传统的精华应该是简洁而有规律，这对于创造蕴含有古典精神新建筑的具有启发性。密斯果然不负众望，从贝伦斯那里继承了这种对古典精神进行现代诠释的思想并进行了弘扬发展，使我们可以看到密斯的建筑既符合时代特色，具有现代工业化风格，同时又是蕴含有古典精神的作品。密斯在芝加哥伊利诺伊理工学院内所做的克朗楼（图 28-2）和柏林新国家美术馆（图 28-3）的造型都是用这种古典精神进行现代诠释的典型代表。这两座建筑的空间处理，简洁的外形，结构构件与装饰的结合都充分反映了密斯在建筑创作中的杰出成就。

密斯对古典的崇尚不是表面的，更不是功利主义的，他对古典的尊重是出自内心的。在 1959 年春夏之交，密斯和洛娜一起对欧洲进行了第二次的战后访问。为了对雅典卫城进行朝圣似的瞻仰，有一天，密斯例外地起得很早，从早到晚都待在那里，目的是为了能抽出更多的时间来鉴赏这些神庙。

图 28-2　芝加哥伊利诺理工学院克朗楼

图 28-3　柏林新国家美术馆

回到旅馆后，他对帕特农神庙和整个卫城给予了最高的评价，密斯对古典建筑的特殊兴趣或许是受到德国古典复兴建筑大师辛克尔和现代建筑先驱者贝伦斯的启发。对密斯来说，古典的希腊已经成为他思想上的圣地。正因为如此，密斯在进行现代建筑创作时总会蕴含有古典秩序的情结。当然他也不会走复古的老路。密斯崇尚古典的目的就是要超越古典。

三、流动空间与通用空间的新概念

现代建筑与古典建筑概念的重要区别之一是对空间的认识。现代建筑的空间概念是开放的，是随功能和需要而形成的。古典建筑的空间是封闭的，是随体量与造型而决定的。密斯在研究了古典与现代空间特征之后，他进行了创造性的发挥，把静态空间诠释为动态空间，使建筑的内外空间融为一体，成为 20 世纪时尚的流动空间（Flowing Space）概念。

1923 年，密斯做过一个乡村砖住宅方案，探讨过建筑流动空间的平面布局，从其构图原型可以明显看出是受到荷兰风格派绘画的影响，著名画家蒙德里安和凡·杜斯堡的图案给密斯以很大的启发。他只是把二维的绘画变成了三维的空间体。这种理想直到 1928 年他建造巴塞罗那国际博览会德国馆时才真正得以实现（图 28-4）。他的这种流动空间概念在当时起到了新空间创造的示范作用，震动了欧洲建筑界。这座德国馆是一座不受通常使用条件限制的建筑，它唯一的作用就是为德国展馆起一个标志作用，因此设计可以非常自由，为建筑师的理想提供了充分的展现机会。密斯在这座建筑中把主体结构由八根十字形断面的钢柱来支承，它们组成三个相等的长方形开间，上面的平屋顶出檐深远，轻快潇洒。在地面与屋顶板之间的空间是由大理石墙面和玻璃墙面自由划分的，不受结构的限制，它们似分似合，似开敞似封闭。流动空间的概念使得一个简单的包含空间变得复杂而丰富了。这座建筑不仅由于应用了各种材料的自然美得到装饰，而且因为它的新颖空间而闻名遐迩。所有的空间好像都在流动，并且通过露天的水院把室内外空间融为一体了。水院尽端的雕像是画龙点睛的焦点。巴塞罗那展览馆是密斯"流动空间"思想的代表作，也是现代建筑发展过程中的里程碑。

图 28-4 巴塞罗那国际博览会德国馆

图 28-5 芝加哥湖滨公寓

图 28-6 纽约西格拉姆大厦

20 世纪 50 年代以后，密斯又发展了"通用空间"（Total Space）或"一统空间"（Universal Space）的新概念。他与沙利文（Louis Henry Sulliuan）的功能主义观点相反，认为形式不变，功能可变。密斯说："建筑物服务的目的是经常会改变的，但是我们并不能把建筑物拆掉，因此我们要把沙利文的口号'形式服从功能'倒转过来，去建造一个实用和经济的空间，以适应各种功能的需要。"在这种思想指导下，追求适应多种功能的大空间已成为一种时风。密斯在 1956 年建造的伊利诺伊理工学院克朗楼与 1962—1968 年建造的柏林新国家美术馆都是这种通用空间思想的体现。同时，这也标志着现代建筑设计中起主导作用的功能主义理论的终结。

四、钢与玻璃建筑之王

当今世界上的高层建筑与办公楼绝大部分都是采用幕墙的手法，虽然早在 1833 年的巴黎植物园温室中就已出现玻璃外墙的做法，但是真正应用的原型应归功于密斯。从 1921 年起密斯就探讨着用钢与玻璃做高层建筑的外墙，并且做过两个玻璃摩天楼的设想方案。在当时，人们一般认为这是密斯的幻想，很不现实，因此有人戏称他是幻想建筑师。但是密斯并不气馁，继续探讨着他的皮包骨的建筑理念，直到 1951 年才实现了他的范斯沃斯住宅，同年还完成了芝加哥湖滨路 860—880 号公寓（图 28-5）。在他的思想影响下，1950 年建成的纽约联合国秘书处大楼，1952 年建成的纽约利华大楼都为密斯的玻璃幕墙理念起了推波助澜的作用。密斯真正全玻璃幕墙高层建筑直到 1958 年在纽约的西格拉姆大厦中才得以实现（图 28-6）。密斯对钢结构建筑的理性推敲是严格的，在钢与玻璃的结合方面也是细致入微的。

在湖滨公寓的外墙面上为了加强垂直线条的力度，他在结构柱的外部再焊上了垂直的工字钢，以强调其直线感，在这里可以看出，密斯对艺术视觉的要求有时更超过其理性的分析。密斯的代表性建筑范斯沃斯住宅、克朗楼、西格拉姆大厦、柏林新国家美术馆都显示了皮包骨和玻璃幕墙的艺术魅力，它们的结构细部与装饰融为一体，既表现了现代工业化的特色，又反映着深厚的艺术底蕴。因此，密斯风格（Miesian Architecture）不胫而走，并风靡世界。我们知道，在历史上曾经有两次是用人名来命名建筑风格的。一次是文艺复兴时代的帕拉第奥母题（Palladian motive），另一次就是密斯风格了。密斯在钢结构与玻璃幕墙方面的理念与贡献在当代世界建筑史中起着划时代的作用。目前，虽然玻璃幕墙已演变为多种建筑材料建成的幕墙体系，但是它们的原型仍然是密斯的理念。他的这种理念实际上是将古典秩序进行现代诠释的一种表现方式。

五、一场官司的真正情结

在密斯一生的事业中，曾经过许多次波折，其中一次最引人注目的就是和范斯沃斯的官司。表面上看，这是一场住宅的经济官司，实际上这是涉及艺术与功能的冲突。范斯沃斯是芝加哥一位女医生，也是一位颇有名气的肾脏病专家，拟在芝加哥郊区建造一座属于自己的单身住宅。经过朋友介绍，聘请了密斯为她设计这座郊区别墅。对于密斯来说，这却是一次发挥他通用空间和玻璃建筑的好机会。委托合同是 1945 年签订的。1946 年密斯设想的别墅方案很快就已经形成。这座别墅坐落在一块 38849 m² 的绿地上，南面是福克斯河，位置在芝加哥西面 75.6 km 处的普南诺地方。这样一个地方可以让建筑师为心所欲地设计。但是直到 1949 年 9 月基础部分才正式动工，整个住宅直到 1951 年才竣工。

住宅的构想别具一格，它是一个全玻璃的方盒子，地板架空，从地面抬高约 1.5 m，这是为了预防洪水的泛滥，整个住宅由八根柱子支撑，每边四根，住宅两端向外悬挑。住宅平面大小为 8.5 m × 23.5 m，北面是平缓的草地，南面是树木茂盛的河岸，门廊设在住宅的西边，宽一个开间。

看来，与其说这是一座别墅，不如说它更像一座玻璃亭阁，它获得了美学上的价值，但却没有满足居住的私密性要求。实际上，密斯所谓的技术精美，却与物质功能产生了许多矛盾。在严冬季节，由于供暖系统的不平衡，大片的玻璃面凝冻；夏天，尽管南面有郁葱的糖枫林遮阴，但强烈的阳光仍把室内变成烘箱，对风流通不起什么作用，窗帘也没有什么效果。实际上，范斯沃斯住宅是以其简洁纯净的体形而著称的。同时，这种住宅也只能适用于周围有大片绿化土地的空旷地段，它的造型和自然环境相配，可以相得益彰。然而对于住宅的私密性来说却是考虑太少了。由于这座住宅过于讲究细部处理，以致在建成后，女主人发现房屋的造价比原先的预算几乎要高出80%以上，这使她大吃一惊，于是一纸诉状把建筑师告上了法庭。而密斯却因为他为施工垫付了工程款，也把房主告上了法庭。虽然这场官司的诱因是因为经济问题，其实，更深层的原因是房主对功能的不满，以致造成了追求纯净艺术与使用功能之间的冲撞。最后，密斯虽然胜诉了，但这座住宅却成了舆论界评论的焦点。官司之后，范斯沃斯于1962年便将这座住宅卖给了伦敦的一位房地产商彼得·帕隆博，他是密斯的崇拜者，一年中只在这里住很短一段时间，主要是满足一些精神享受。平时，这里只有一个看门人，住在附近，清理环境和打扫卫生，一般参观者都只能在住宅外观赏，不能入内，以保持其纯净神秘的印象。

六、以不变应万变的策略

密斯是笛卡尔哲学思想类型的建筑师。他是在早期有了既定理想之后不断追求完善的理想者。他从皮包骨的建筑思想发展到钢与玻璃幕墙的建筑，他从流动空间发展到通用空间的手法，这些都说明了他在不断精炼着自己的理想和手法。他认为建筑功能可变，建筑本身则相应可以不变，以通过空间的设计来满足日益发展变化的现实需要。确实在他的这种思想影响下，目前世界上正掀起一股通用空间的设计之风，主要以支柱与横梁为骨架，尽量减少承重墙，以使得建筑内部空间可以自由灵活，随时适应功能的变化。但是，密斯在过分追求纯净形式与通用空间的目标中，也造成了不少建筑设计装饰的匮乏，以致受到后现代建筑师与新现代建筑师的批评，也导致一部分社会人士认为过于单调，这也可能是密斯过于极端所带来的后果吧！尽管如此，纵观密斯一生的贡献仍是众所公认的，他的许多理想与手法至今仍在被广泛应用，他无愧是当代最伟大的建筑师之一。

七、结语

形成一种建筑学派，它必然和哲学观点有着密切的联系，密斯的建筑思想根源是受到客观唯心论的影响，认定在可感事物之外尚有一种"理型"存在，他信奉哲学家柏拉图、圣奥古斯丁和托马斯·阿奎那。他追求着一种永恒理想的客观世界，以静止的概念与推理的方法来设计不受时空制约的建筑，显然，这种思想不能适应日益发展的时代需要，也不能满足特殊功能与精神的要求。也许是受到康德的美学思想的影响，密斯把奠定建筑的秩序作为追求理想建筑艺术形式的前提，这就是密斯给人们留下的深刻印象。虽然，密斯还存在着时代的局限，然而，作为现代建筑的一代大师，他在历史上留下的功绩是不可磨灭的，他的创作经验与手法也仍然是值得永远借鉴的。

29 学习阿尔瓦·阿尔托

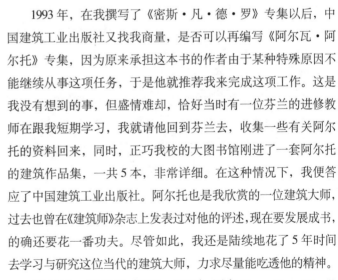

1993 年，在我撰写了《密斯·凡·德·罗》专集以后，中国建筑工业出版社又找我商量，是否可以再编写《阿尔瓦·阿尔托》专集，因为原来承担这本书的作者由于某种特殊原因不能继续从事这项任务，于是他就推荐我来完成这项工作。这是我没有想到的事，但盛情难却，恰好当时有一位芬兰的进修教师在跟我短期学习，我就请他回到芬兰去，收集一些有关阿尔托的资料回来，同时，正巧我校的大图书馆刚进了一套阿尔托的建筑作品集，一共 5 本，非常详细。在这种情况下，我便答应了中国建筑工业出版社。阿尔托也是我欣赏的一位建筑大师，过去也曾在《建筑师》杂志上发表过对他的评述，现在要发展成书，的确还要花一番功夫。尽管如此，我还是陆续地花了 5 年时间去学习与研究这位当代的建筑大师，力求尽量能吃透他的精神。

阿尔瓦·阿尔托（1898—1976）原名 Hugo Alvar Henrik Aalto，出生于芬兰库尔坦纳（Kuortona），是现代建筑第一代著名建筑大师之一，曾对世界建筑宝库做出过卓越的贡献。他那独到的见解，丰富的构思，灵活的手法，形成了他特有的建筑风格（图 29-1）。

图 29-1　阿尔托像

阿尔托从一开始接受现代建筑思潮起，他就反对那种千篇一律的方盒子倾向，他的建筑功能灵活，使用方便，结构构件巧妙地化为精致装饰，造型艺术温文尔雅，空间处理自由活泼且有动感，使人感到空间不仅是简单地流动，而是在不断地延伸、增长和变化。阿尔托对自然的热爱，使他的建筑具有淳朴的风格。他的建筑不再是大地的领主，而是和自然融为一体，他的造型词汇就是自然风景的直接反映。概括一句话，阿尔托是在探索民族化与人情化的现代建筑道路。

■ 探求建筑的民族化与人情化

芬兰地处北欧，冬季气候严寒，冰天雪地，房屋对保暖的要求极高。同时，芬兰又是一个生产木材的国家，森林覆盖面积达 70% 以上，不仅是造纸的好原料，也为自然风景增添光辉。芬兰的矿产也非常丰富，尤其是铜的产量在欧洲居于首位。因此，阿尔托的建筑总是尽量利用自然地形和幽美的景色，建筑物外部饰面与室内装修经常反映木材特性，铜作为精致细部的点缀也相当突出。建筑物的造型沉着稳重，结构常采用较厚的砖墙，门窗安排适当，颇能反映北欧特色。他的建筑作品从不浮夸和豪华，也不照抄欧美先进国家的时髦，而是把现实主义和浪漫主义融为一体，创造了独特的民族风格，这种风格也反映了阿尔托鲜明的个性。

阿尔托对建筑人情化的探求是由来已久的。他本人的性格就温纯寡言，坚韧豪放。作为一个建筑师，他的宗旨就是要为人民谋取舒适的环境，不论是民用建筑还是工业建筑，都不放弃这一人道主义原则。他认为工业化与标准化都必须为人的生活服务，必须要适应人们的精神要求。阿尔托曾经说过："标准化并不是意味着所有的房屋都一模一样，标准化主要是作为一种生产灵活体系的手段，用它来适应各种家庭对不同房屋的要求，并能适应不同地形的位置、不同的朝向、景色等。"（引自 Frederick Guthaim：《Alvar Aalto》）1940 年阿尔托在美国麻省理工学院讲学时曾重点阐述过建筑人情化的观点，他说："现代建筑在过去的一个阶段中，错误不在于理性化本身，而在于理性化的不够深入。现代建筑的最新课题是要使理性化的方法突破技术范畴而进入人情和心理的领域。……目前的建筑情况无疑是新的，它以解决人情和心理的问题为目标。"

阿尔托对建筑人情化的表达方式是全面的，从总体环境的考虑、单体的建筑设计、一直到细部装修家具，都考虑到人的舒适感，它包括了物质的享受和美学的要求。

■ 理性与浪漫融合的性格

作为一位建筑大师，阿尔托以其特有的人情化思想给世界留下了广泛的影响。美国著名建筑史家斯卡利（Vincent Scully）在《建筑的复杂性与矛盾性》一书的序言中曾高度评价了阿尔托的作用，他说："路易斯·康（Louis Kahn）是文丘里（Robert Venturi）最亲密的导师，对文丘里的发展肯定做出过很大贡献。康的一套'惯常'原理是所有新一代建筑师的基本功，但文丘里却避开了康在结构上先入为主的成见，赞成更灵活的功能引导形式的方法而与阿尔瓦·阿尔托更为接近。"这位被誉为后现代主义建筑代表人物的文丘里本人也多次赞赏了阿尔托的建筑成就，他说："20世纪最好的建筑师经常反对简单化，是为了促进总体中的复杂性。阿尔瓦·阿尔托和勒·柯布西耶的作品就是很好的例子。但他们作品中的复杂性和矛盾性的特点大都被忽视或误解了。……阿尔托的伊玛特拉教堂由于重复体积组合，三个分离的平面和声学吊顶形式反映了真正的复杂性，这座教堂代表了一种恰如其分的表现主义，它的复杂是由于整个设计的要求和结构部分的暴露，并非是为了达到表现欲望的手段。"因此，必须承认功能日益发展的复杂性必然要导致建筑形象的多样化，这是事物的发展规律，问题是你能不能掌握各种建筑复杂性的内在矛盾，给予有机协调的解决，阿尔托正是这方面的能手。

在评论阿尔托的建筑中，争论较多的一点是浪漫主义还是理性主义起主导作用。瑞士建筑理论家吉迪恩（Sigfried Giedion）很早就在他的名著《空间、时间与建筑》中指出阿尔托的民族浪漫主义和他所处的地理环境与历史文脉有关，大片的森林湖泊与北欧的民族风情，使它的建筑师不可避免地会继承着潇洒自由的性格。但在当代有些学者却持有不同的观点，例如出生于希腊后移居美国的波菲里奥斯（Demetri Porphyrios）就在他的论文《记忆的突然显现》中认为阿尔托的作品具有明显的规律，是个有理性的建筑师。他说："从阿尔托很早的作品中，人们就可以辨认出他类型学思想的根源，立面处理的三段法无疑是他新古典主义研究的体现。"（Architectural Design，1979/5-6）波菲里奥斯在这里想证明阿尔托的建筑是可以从理性和历史的角度来分析的，这样可以使他的作品更明确易懂。

实际上，阿尔托的作品是一个发展的过程。他在早年时曾受到传统的学院派艺术思想的教育，喜爱意大利的文艺复兴与巴洛克风格。他的初期作品就体现了古典主义的影响。当然，这种一成不变的设计手法是不符合时代要求的，很快他就断然改变了这种手法而走上功能主义的道路。1927年他参观了斯图加特的国际住宅展览会，使他耳目一新，1928年他所作的圣诺马特报社与1929年所作帕米欧疗养院的建筑都已步入现代主义的行列（图29-2）。功能主义在他的作品中已明显地占主导地位，但在20世纪30年代他的建筑中仍能看到带有地方特色的倾向。到第二次世界大战以后，尤其是在20世

图 29-2　芬兰帕米欧疗养院

纪 50 年代以后，他的建筑风格又有了明显的变化。为了芬兰战后的重建工作，他曾访问过意大利，在那里他被托斯卡那的乡土建筑之美所感染，同时他也吸取了芬兰原有的建筑传统，这是从德国北部经波兰而传过来的哥特风格。他毅然放弃了在 20 世纪 20 年代借鉴德国的功能主义思想而要使他的作品重新融入景色如画的北欧环境中，这是理性主义与有机思想的融合，不过，这时期在他的作品中已更多的是体现了浪漫主义的精神，表达了一种发展的、有活力的、有机的建筑含意，表达了他家乡的最优秀的文化传统，也是他将人性、自然环境、地方建筑特色与现代科技结合的产物。

在分析文丘里受阿尔托的影响时，我们有必要对他们两人的思想与作品的性质作一简单的比较。虽然两个人作品的构思与形式都很复杂，但文丘里的思想是混合的，它像是一盘凉拌沙拉，各种颗粒分明；阿尔托的思想则是融化的，它就像水乳交融一样，已分不清水和乳的界线了。因此，文丘里的建筑混合手法是一种形式拼贴，易于为人们所借用；而阿尔托的融化手法是一种浪漫与理性思想的结合，只有达到高度艺术修养后才有可能在他的作品中悟出灵性，使建筑作品升华为艺术。从这里我们可以看到文丘里就像是改译了阿尔托的建筑语言，使它更大众化了，不过，这种改译了的建筑语言毕竟不如阿尔托原来的阳春白雪那么更富有诗意。

从某种意义上讲，阿尔托和路易斯·康是对新一代建筑师具有重大影响的关键人物，他们两人都曾借鉴了古典建筑传统中的精华，使自己的建筑创作思想与手法更为丰富，但是细细分析他们两人的不同之处也是很有意义的。阿尔托着重于吸收意大利城镇乡土特色的生长根源，重视建筑作品的有机性，力求建筑与自然环境结合，在建筑中表现出传统的地方特色，又不失时代的功能要求和科技要求；同时，他还在将建筑升华为艺术的过程中，把抽象艺术的隐喻渗入到他的作品之中，使他的作品更富有浪漫和神秘的色彩。这种对传统和古典的借鉴，可以说是对内在规律的吸收，是一种生物学的原则，它使我们在阿尔托的作品中体会到一种古典和北欧的浪漫精神（图 29-3～图 29-6）。而路易斯·康则基于学院派的古典思想体系，强调探求形式规律，追求建筑结构所具有的精神功能。他认为建筑中必须具有四个重要因素:整体形式构图,空间的等级性,结构和材料的特性,以及注意用光。
建筑功能须服从上述四个准则,否则建筑就不再是艺术了。他力图把古典
语言变成一种建筑哲学,他说:"文艺复兴建筑物都有连廊朝着街道,尽管
它们的使用目的并不需要这些连廊,而敞廊在这里只是告诉人们什么是建
筑艺术。"因此,把两人的思想意境相比,可以看出阿尔托更具有批判的地
方主义精神,它可以维持高度的批判自觉性,既承担着"世界文化"谱系
的进展,又必须通过矛盾的综合,使优美的建筑作品显示出某种植根民族
的意向和回归自然的天性。这也许是在当今工业化社会最迫切的希望。

图 29-3　芬兰玛丽亚别墅外观

图 29-4　芬兰珊纳特赛罗市镇中心外观

图 29-5　芬兰伏克塞涅斯卡教堂
外观

图 29-6　芬兰赫尔辛基音乐厅

30 城市建筑文化遗产保护的矛盾及其解决策略

在 20 世纪末期，南京成立了"南京历史文化名城研究会"，我被推选为该会的副会长，主要关注近现代建筑遗产的保护工作。2000 年以后，我退居为该会的顾问。不久，在 2005 年左右，南京市又成立了官方的"南京近现代建筑保护专家委员会"，我又被任命为主任委员，副主任委员分别由住建委、规划局、房管局、文物局的局长兼任。就在这一实际单位的工作过程中，我发现处理一些现实问题，要比理论探讨复杂多了，这也就是启发我为什么要研究解决矛盾的策略。各种事件都有它的特殊背景与要求，只能区别对待，但又不失原则的立场，才能取得较好的效果。下面这篇解决矛盾的策略，是我个人的一点体会，现提出供读者参考。

近三十年来，随着中国经济的腾飞，城市建设也迅速得到发展，城市化的进程更是日新月异，令世人刮目相看。据有关资料表明，在 20 世纪 70 年代中国的平均城市化水平只有 24%，低于当时的世界平均城市化水平。一般来说，城市化水平的标准主要是依据城市人口与农业人口之间的比例来确定，城市人口所占比例越大，说明城市化水平越高，也就意味着工业化水平越高，现代化水平越高，因此，城市化的发展，也象征着经济的发展。到了2000年之后，中国的城市化平均水平已达到了48%，几乎相当于20世纪的一倍，在一些沿海经济发达地区更是达到60%以上。这种城市人口与经济的迅速骤增，不能不带来一系列城市发展中的新问题。首先是道路交通问题；其次是为适应经济发展需要的城市建筑扩建问题；再次是城市环境的改善问题等，这些都提到议事日程上来了。与此同时，许多城市为了发扬自身文化的特点，打造历史文化名城的名片，也掀起了一阵文化历史遗产保护的热潮，使一座城市既具有现代化的面貌，也兼有文化特色的韵味，让本地居民与外地旅游者都能感受到有文化特色的现代化都市氛围。上述这些客观的需求与人们良好的愿望无疑都是正确的。但是，在现实的环境中，往往事与愿违，城市建设常常会与文化遗产保护，尤其是近代文化遗产保护产生矛盾，这就需要城市建设当局与遗产保护工作者共同探讨适当的策略，以解决有关矛盾的种种难题，绝非是简单的"拆"与"保"所能解决。

一、建筑文化遗产保护在历史文化名城中的作用

任何城市都希望有自己的特色，尤其是在那些历史文化名城中，更是希望以自身的历史文化遗产优势打造自己城市的名片。例如北京就是以天安门、故宫、天坛、颐和园等历史文化遗产吸引着无数的中外游客；凡是初次到南京的人总不免要去拜谒中山陵和参观前"总统"府；到苏州游览的人无一不被苏州古典园林、虎丘等名胜古迹所吸引；更有甚者，还有不少中外游客迷恋着北京后海古色古香的胡同和酒吧，迷恋着苏州古城的小桥流水人家。这些都是反映着一些氛围，表达着一种文化的乡土特色，没有这些文化特色，北京、南京、苏州等城市将会失去它的文化魅力，这就是一座城市最重要的标志。除了这些重要的城市文化遗产不说，一座历史文化名城，它的广大居民区就像绿叶一样在起着衬托主题的作用。古语说得好，"牡丹虽好，还要绿叶扶持"，光是有几朵鲜艳的红花，仍然会显得单调乏味。因此，城市的风貌区也应该是重要的保护对象。

那么，像北京、南京、苏州等这样一些历史文化名城，要进行改建和扩建就特别要注意改扩建的策略，要兼顾城市发展与遗产保护的双重使命，尤其是要关注那些尚未被列入保护名录的近代优秀建筑，决不可片面行事。如果一些优秀建筑遗产遭到破坏，那将会产生无可弥补的损失，历史文化名城的形象也将会蒙上一层遗憾的阴影。例如南京新街口地区，原来曾有一座胜利电影院，是 20 世纪 30 年代新都电影院的旧址，过去曾和大华大戏院齐名为南京两座最著名的影剧院，不仅历史悠久，而且建筑艺术富有特色，是新街口地区的地标之一。然而，不幸的是在 2004 年被拆除了。事发后，引起社会上一片哗然，舆论界也给予了强烈的批评，但是一切都已晚矣，虽然也有人提出过补救措施，其实也毫无作用。不过，这件事却给了南京人以深刻的教训，尤其是新闻媒体更是特别关注建设与保护之间的矛盾，这也在客观上起到了群众的监督作用。

二、发展与保护之间的矛盾

城市要发展，建筑文化遗产要保护，理论上说二者应该兼顾，但在现实社会中，二者之间往往会产生矛盾，这就要认真分析，区别对待，妥善解决矛盾，促成二者共赢才是上策。

实际上，城市的发展也是相对的，并不是越大越好，越具有现代形象越好，反之，它会走向反面，成为一种教训。例如伦敦，它是资本主义发展较早的一座大城市，20 世纪上半叶随着社会的自然发展，大伦敦的经济产值已占到英国本土的1/4，它的人口已占英国本土的1/6，因此造成了一系列新的问题：交通拥挤，居住条件恶劣，工作条件受限，环境不良，城市设施落后，城市污染严重等，并且还产生了连续不断的环境污染事件，这时泰晤士河中已不见了鱼影，伦敦城市中已听不到了鸟鸣，这些都给人们敲起了警钟，如果再长此以往，大城市的恶性膨胀，带给人们的将是一场灾难，于是人们开始认识，金山银山不如绿水青山，现代化的城市是要建立在良好生态环境与良好文化环境基础上的。卫星城市与新城运动也正是这一基础上的产物，伦敦的教训仍值得我们每一个人牢记。

三、解决矛盾的策略

在历史文化名城的发展中，建设与保护之间的矛盾既然是不可避免，这就需要我们采取适当的策略来进行对待了。

1. 策略之一：区别对待，达成共识。

在历史文化名城中，重要的文化遗产都是会得到保护的，有些已列为国保单位、省保单位，或是市保单位，然而还有许多面上的建筑遗产，例如传统的街坊、胡同，甚至是一些传统的街道，尤其是那些在近代形成的有特色的里弄或单体建筑，在遇到城市建设时，往往会产生两难的取舍境地。在这种情况下，最好是在各有关城市中先由有关主管部门或研究部门预先列出一些应保护的非文物的重要近现代建筑名录和风貌区保护名录，经过有关专家委员会讨论后报上级批准，这样就可以防止历史城区的迅速消失。同时随着认识的深化，保护名录也应该逐步补充。然而，对于一些还未列入名录，但又有一定影响的历史建筑与风貌区在遇到城市建设的矛盾时，最好应该提请有关专家组进行论证再进行改造为宜。因为有些建筑当时虽然还不是文保单位，可能是由于某些原因漏报或者是未能发现，并不等于它就没有历史文化价值。最典型的例子就是南京军区内的大礼堂（图30-1），在2006年，军区由于需要，拟拆除原有的礼堂并进行扩建，他们把这一想法报告到市文物局，后来一查，该建筑当时还未列入文物保护单位。他们又到规划局去了解，得到的答复也是未列入规划保护范围。当然拆除也就无可厚非。好在当时有关方面再请军区多听听专家的意见，他们才知道了这座重要建筑的历史意义、政治意义和建筑艺术上的价值，它就像一副古画一样，是不能与复制品同日而语的。随后文物局也立即将该建筑补列为市级文保单位、省保单位，现正在申报为国保单位。这就说明，有些建筑的身份在没有明确时，是我们还没有认

图30-1 南京军区大院内的大礼堂

识它，并不是它没有价值。

2. 策略之二：兼容并蓄，促成双赢。

要打造有特色的现代化城市，既要有现代化的建筑与街道，便捷的交通，舒适的人居环境，还应该有良好的文化氛围，这就需要发挥传统城市特色，使其成为城市的标志和城市中新的活力。例如苏州古城不仅保护和完善了一批古典园林，还相得益彰地在忠王府旁边建造了苏州新古典式的苏州博物馆（图30-2），表达了苏州传统文化的新发展；在苏州桐芳苑小区的建设中，探讨苏州传统民居的新路也取得了可喜的成果。这些都是在探索兼容并蓄，传统文化氛围与现代生活需求相结合的先例。不要认为城市要现代化，就一定都要建高楼大厦，否则就得全部保存原有的民居不变，这种极端化的思想是僵化的观念，是缺乏辨证发展的思想。

3. 策略之三：城市记忆，重在特色。

作为一座城市，都希望有自身明显的特色，澳门应该说就是最典型的例子了。2005年澳门被批准为世界文化遗产城市，它的历史城区开创了整个近代城区列为世界文化遗产的先例。城区中心的大三巴牌坊，半岛西面海滨的妈祖阁都是游人必到的胜地，也可以说是澳门的标志。同时，澳门城区那些曲曲折折的小街小巷，各种形状不规则的前地、广场、带有浓艳色彩的建筑外观也都会给人留下深刻的印象，尤其是那些高低逶迤的街市更是会令人联想到欧洲许多小城镇的特色。当然，澳门除了历史文化遗产之外，它的博彩业也具有很大的吸引力。因此，要打造一座城市的名片，提高人们对一座城市的记忆，城市的特色和历史文化遗产的彰显是至关重要的，澳门的经验值得借鉴。

4. 策略之四：风貌保护，串联片区。

一座历史文化名城，或是一座旧城区，要保持其城市传统特色，光是保护好几幢标志性建筑是远远不够的。但是城市在发展，除了个别的世界文化遗产城（如丽江）以外，绝大多数的旧城又不可能原封不动，因此可以采取点线面的串联法，有选择地将一些典型的历史性建筑、典型的街道和一些典型的居住片区进行风貌保护，并且可以进行适当的改造和完善现代设施，使得一座旧城既保持了传统风貌的特色，又获得了新的城市功能，并改善了生态环境，使旧城获得了新生，尤其是那些广大的片区，就像人的细胞一样，从而获得了新的生命，北京的菊儿胡同、苏州的桐芳苑小区都是这方面很好的探索。在这些风貌保护区内，主要着重于外观的风貌保护，而不强调其内部与结构的原真性，这样可以使旧城改造与风貌保护的矛盾得到化解，也可以使经济发展与现代功能得到文化内涵的补充，上海"新天地"片区的改造就是成功的案例（图30-3）。这里原来是上海的一片老式里弄区，虽然它们并不是文物保护单位，但是它有着城市文化特色的因素，具有早期上海城市化的典型形象，因此将这一片区的旧功能进行置换后重新予以开发，使新的内容、新的设施在传统建筑的外貌下获得了浪漫的文化氛围，同时也取得了可观的经济效益。南京1912风貌区的开发也获得了同样有特色的良好效果。

5. 策略之五：传统外观，现代功能。

在当代许多旧城区，主要保存的都是近代的街道和建筑，随着社会的发展，人们生活水平的提高，建筑的内部功能不得不进行改善。我们不能让那些旧城区的居民还继续去倒马桶，也不能让他们还去烧煤炉，这就要在传统的建筑内部进行更新，或者是进行整片旧街坊的改造，这要根据具体条件而

图30-2　苏州博物馆　　　　　　　　　图30-3　上海新天地外观

定，使得城市的传统风貌既得到延续，又能使居民生活得到改善，这才是辨证的现实主义的解决方法，大可不必一刀切。新、旧、高、低可以量体裁衣，但是一切都要以保持城市特色和现代化的功能需要为前提。例如澳门特区塔石广场的文化局大楼就是利用了20世纪早期的一座学校教学楼进行改建的（图30-4）。大楼的外观基本保持了原来二层外廊的面貌，而外廊内的建筑几乎全部进行了更新改造，不仅改成了四层，而且还增加了地下室，增添了电梯和内部庭院，使得办公环境焕然一新，而且仍然给外界感到是处在原来的历史建筑氛围中，这是成功的案例之一。

6. 策略之六：整体局部，保护随宜。

在任何一座旧城中，历史性的建筑都随处可见，哪些应该保护，哪些可以改造，这需要根据具体情况来进行分析，处理得好，可以为旧城画龙点睛，处理不好，就等于是建设性破坏，现在有许多案例都可以说明这一点。北京王府井北面的天主教堂东堂，原来拥挤在一群杂乱的民房中，完全不能表达它的城市形象，后来经过整治改造，把教堂周边的杂乱建筑清除了，还在教堂前面开辟了一处典雅的小广场，不仅彰显了教堂建筑艺术的魅力，而且还给市民增加了一片休闲观赏的场所。我们还可以再看看澳门的大三巴牌坊，谁都知道它是澳门的象征，但是它实际上只是原来一座老教堂正面的一片外墙，并没有任何功能作用，因为教堂的其他部分都已不存在了。可就是这么一片教堂的前壁，它却凝聚着澳门400年来的历史沧桑，其历史意义与艺术价值远远大于它的使用功能价值，现在每天来这里的游客络绎不绝。这就是为什么澳门人不把这片断垣残壁拆除而新建一座教堂的理由。有时保护局部的建筑片段，它的历史意义和社会价值并不比新建一座完整的建筑差，大三巴的例子可以为证。

7. 策略之七：重要遗产，亦可搬迁。

在旧城改造过程中，经常会遇到有许多优秀的建筑文化遗产，如果原地保留不动，就会影响大片的规划建设。要是拆除不要那将是一项巨大的损失。由于中国的传统建筑大多数是木构房屋，梁架组装如同当代的预制结构，因此，在一些城市遇到此类情况时，就采用整体落架搬迁的办法，取得了异乎

图 30-4 澳门文化局　　　　　　　　　　　图 30-5 苏州寒山寺枫江第一楼

寻常的效果。苏州在这方面的案例尤为突出，其中狮子林的荷花厅曾在 20 世纪中期被焚毁，后由苏州旧住宅区中迁入了一座类似的荷花厅，不仅弥补了原有的损失，而且使这座深藏旧宅院的荷花厅的艺术魅力得到了充分的展示。此外，如苏州城外寒山寺东南隅的庭院内有一座光辉夺目的"枫江第一楼"，谁能想到它也是在 20 世纪中期从一处旧民居中搬迁而来，现在已成了寒山寺的重要景点（图 30-5）。诸如此类优秀历史建筑搬迁的例子在苏州已是数见不鲜。至于近代的某些新建筑在遇到城市扩展与改建时，也会遇到类似的窘境，当然它们就不像传统木构那样容易搬迁了，不过也有一些成功的案例值得借鉴。例如上海音乐厅是 20 世纪 30 年代建造的重要建筑遗产，但是由于前面的道路需要拓宽，使这座建筑陷入了困境。为了保护这座重要近代建筑的文化特色，上海市有关方面在多方努力下，终于将这座庞然大物整体搬迁到数十米外的广场中，既保留了原有建筑的原真性，还弥补了原来背立面未进行设计的缺陷，使这座历史性建筑在功能、艺术两方面都增添了新的活力。

　　8. 策略之八：新旧结合，推陈出新。

　　在旧城改造时，难免随着经济的发展，需要建设较大规模的建筑，是在原有地段拆除原有的历史性建筑，还是避开原有建筑而另觅新址，这已是经常遇到的两难抉择问题。在这类问题的处理方面，采取"新旧结合，推陈出新"的策略，不失为一种有效的良方，现在已有不少成功的先例。如上海花园酒

图 30-6　上海花园酒店

店就是利用了原法国俱乐部前面的历史建筑作为主立面的入口部分，后面增建了高大新颖的现代式客房楼，二者结合非常有机，不仅使原历史建筑更能发挥其古典艺术魅力，而且也为这座现代化的宾馆增加了文化的内涵，同时也使这片原来的历史文化风貌区继续保持着传统文化的韵味（图 30-6）。这种推陈出新的手法值得推广。此外，在澳门的历史城区中心，有一座 20 世纪 20 年代建成的大西洋银行，这是葡萄牙金融机构的标志，它那粉红色葡式古典建筑的外观，秀丽典雅，是沿街不可多得的一处引人注目的历史性建筑。但是到了 20 世纪 70 年代，随着社会的发展，这座银行的业务需要扩大并需要建设新楼，于是便在保存原建筑外观的基础上，拆除了外廊后面的旧建筑，取而代之的是新建了 20 多层的板式玻璃幕墙办公大楼，将二者有机地结合起来，这样既解决了功能与经济发展的需要，同时又保护了历史建筑的街景面貌，取得了良好的效果。

四、结语

从上面的分析中，我们可以看到城市发展与建筑文化遗产保护都是值得关注的对象，要解决二者之间的矛盾，必须认真科学地进行研究，决不能简单地采取非此即彼的做法，只有应用适当的策略与规划才能化解矛盾，取得双赢，目前已有许多成功的案例值得我们借鉴。总之，时代在进步，城市必然要不断更新，城市特色与历史遗产也要不断提升文化水平，目标就是要打造有文化特色的现代化都市，要达到这一目标与解决矛盾，必须要具有策略的支撑和技术的协助。

31　高昌与交河故城遗址考察后的启示

　　1980 年 9 月，我们一行三人（郭湖生、刘先觉、黄伟康）应邀去乌鲁木齐讲学。任务完成后，我们顺便考察了新疆相关的建筑文化遗产，其中高昌与交河两座古城也是这次考察的对象。在大漠地区考察文化遗产这是第一次，兴奋之情油然而生。汽车在戈壁滩上奔驰，同时也使每个人的思绪浮想联翩。

　　早在唐朝时期，我国西部边陲的新疆地区曾出现过两个繁荣一时的高昌和交河故城，它们都是古代丝绸之路上的重要城市，后来逐渐从历史上神秘地消失了，但故城遗址至今仍清晰可见。（图 31-1，图 31-2）

　　高昌故城在今吐鲁番县城东南 25km 处，其名始见于《前汉书·西域传》，西汉初元元年（公元前 48 年）在此设戊己校尉，进行屯垦，因地势高敞，人庶昌盛，故名高昌。东晋时，北凉王朝曾在此定都，从北魏至唐贞观时期（公元 499—640 年）则为鞠氏高昌王朝的都城，后被唐灭，成为唐朝西州治所，公元 10 世纪中叶以后为西州回鹘的王朝所在地。至 14 世纪明代初年，因自然环境的变化而废弃。高昌故城前后有长达 1500 年的历史，曾是古代新疆地区政治、经济、文化的中心之一。

　　高昌故城分外城、内城、宫城三重，外城略呈方形，周长约 5km，东西城墙目前仍保存完好，城垣基址厚 12m 左右，残存部分最高达 11.5m，夯土筑成。西面有二门，均为拱形，其北端一门还有曲折的瓮城遗迹。东、南、

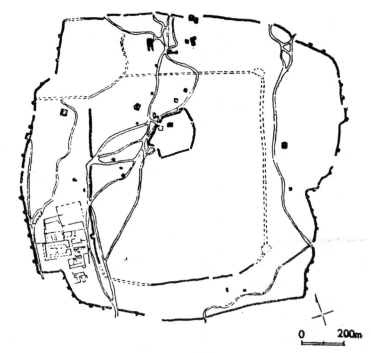

图 31-1　唐高昌故城平面图

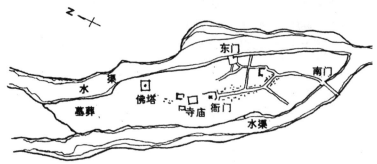

图 31-2　交河故城遗址平面图

北三面的城墙,原来也均有城门。在外城内东南与西南均有佛寺遗址,尤以西南角大型寺院比较突出,现殿塔基址尚存,用土坯叠砌而成的多层佛塔残迹基本仍保存旧貌。内城在外城的中间,里面还能辨明有官署、街巷、民居、作坊和市场等遗址。一般民居多用土坯墙或版筑土墙，上覆拱顶，地势较高处也有从地面向下挖出庭院，然后再挖出窑洞居住的。宫城大致在内城的偏北部。整个城市总体布局略似唐长安城。

高昌在古时原有胜金口流出的木头沟水经过二堡流入故城，水源清澈丰盈，居民安家乐业，后因上游水源枯竭而迫使全城居民不得不逐渐搬迁，尽管当时城市已有相当规模，但生态失衡足以造成弃城的悲剧。

交河故城在今吐鲁番城西 10km 处，位于两条河流之间的狭长地段上。由于两河在城南相交，因而有交河之名。交河故城原为古代丝绸之路的要冲。西汉时曾在此屯戍，称为交河壁。公元 6 ～ 7 世纪，鞠氏高昌时期是交河郡的所在地。后来唐代的安西都护府最早就设在这里。至元代末年也因河流水源干涸而遭废弃。故城外形略呈一柳叶状，南北长约 1000m，东西最宽处约 300m，整座城市坐落在一山丘上，高出四周地坪约 30 m，周围无城垣，依悬崖为天然屏障，极似古希腊雅典卫城。城内现存的官署、寺院、街巷、曲坊等遗址，均保留着唐代城市建筑的特色。

全城共设两座城门，南门有坡道向西跨桥过河，东门外则为曲折迂回的踏步直达河岸。城内建筑一般均为土筑或土坯砌成，墙厚大多为 1.2m 左右，最薄者亦有 0.6m，庙宇墙厚达 2m。有些门头采用圆券形，少数窗头与壁龛还发现有尖券形制，它远在西欧哥特建筑之前。城市平面布局紧凑，多为公共建筑与庙宇之类，虽街巷民居亦掺杂其间，但据分析，当时可能有部分居民仍散居城外。现存遗址中最突出的是土坯砌筑的佛塔，形似金刚宝座塔状，中塔高耸，虽年久风化，但昔日旧貌犹存，气势十分壮观。目前，我们从遗址中考证，交河故城的废弃与战火无关，直接的原因是环境变化与水源枯竭而影响了城市的生存。

考察完这两座历史古城之后，不能不使我们清醒地认识到生态环境对城市的生存与发展是如何的重要。在古代，仅仅是水源问题就足以使一座千年的历史古城难逃覆灭的命运。而当今社会，面临的不仅仅是水源问题，还有无数新的生态因素在制约着城市的发展，如不及时解决，都会导致自然生态给人类带来报复。

32 建设生态城市的迫切性

从 20 世纪中期开始，在世界范围内逐渐产生了环境恶化问题，引起了人们的广泛关注。随着工业化与现代化在中国的发展，我国的城市在 90 年代也逐渐出现了严重的环境问题。有感于此，我们向国家自然科学基金委申报了《城市建筑生态环境研究》项目，得到批准后，我们到有关地区进行了考察，并对国内外有关的城市生态问题进行了资料收集与评析。经过近十年的研究，我们研究组终于在 2009 年完成了一部专著《生态建筑学》，约有 150 万字篇幅，就算是一个阶段性的总结吧。2011 年 12 月，该书已被国家新闻出版总署评为第三届"三个一百"原创出版工程。

然而，生态环境是一个复杂的系统工程，它需要多方面的综合研究、实践与协调才有可能取得一定的成效，否则也只能是纸上谈兵。如今，城市生态环境问题已被社会广泛重视，并已列为国策之一，是值得庆幸的。这里又老调重弹，也只是为了警钟长鸣而已。以下是本人在 1995 年当时对环境生态的一些考察，现摘录于下，也算是一种回顾。

一、我国当前城市建设中面临的生态环境问题

据国家环保局测算，我国目前每年环境污染造成的经济损失达上千亿元，如果加上生态方面的损失，数字就更大。同时对我国目前环境形势总的评价

是：局部有所改善，整体仍在恶化，前景令人担忧。环境污染具体表现在大气污染严重，水域污染问题突出，垃圾围城现象普遍，城市噪音有增无减。关于城市生态环境问题，不仅各级领导需要严格掌握，而且对于每一位具体实施的规划师与建筑师来说也不能不警钟长鸣，时刻注意把环境生态平衡问题作为自己规划与设计的基础。

目前，在经济发达地区所产生的生态环境问题可以从下列几方面清楚地看到：

1. 土地未能合理利用。目前许多城市在发展中，都设置有各种类型的开发区。一般都是宽打窄用，甚至连乡镇也都辟出大片良田以待开发，虽然中央已一再强调不要一哄而起，但各地仍是我行我素，或是"少建多批"土地的浪费现象相当普遍。在城市的房地产开发中，有关方面对土地的价值认识不足，土地供应量也过多，不仅迫使城市无止境地扩大，拆迁安置问题也相当困难。据有关方面资料表明，广东省从 1990 至 1993 年平均每年非农建设占用耕地为 110.66km²。而江苏省平均每年建设占用农田约为 133.33km²，约合全省农田 1.4%。十年用地就要相当于一个中等县的土地了。如果长此以往，本来就处境困难的农业经济，在不断减少土地的情况下更将会产生难以预料的后果。这不能不引起我们的高度重视。土地是不能生长的，生态环境的破坏必将会受到自然界的报复。

城市规模不断地扩大，不仅需要耗费大量土地资源，而且直接影响到市县之间的关系，影响到工农之间的关系。例如苏、锡、常地区的城市周围土地本来就很紧张，如果任意继续扩大，必将要侵占郊县的土地，损害郊县的工农业利益，这类官司已有增无减。在乡镇企业的发展方面，摊子铺得也过散，现在许多经济发达地区的大片良田中几乎都像插花似地"栽"上了乡镇企业，美丽富饶的江南水乡和珠江三角洲已快要变成工业卫士了。此外，在各城市之间的公路两侧，路边店有增无减，现已自发形成长龙，不仅占用大量农田，更影响了正常的车速，甚至是发生车祸也不乏其例。这些情况都有待有关部门去认真解决。

2. 水资源污染严重。由于各地经济迅猛发展，工业建设不断增加，尤其是乡镇企业星罗棋布，大量污水不加处理地排入河流，致使许多水源遭到严重污染。特别是跨省的水域更是难以控制。最突出的是横跨河南、安徽、江苏、山东四省的淮河，近年来每年污染事件多达十几起，有的经济损失多达上千万元。目前已有 65% 的河段受到不同程度的污染，而且还在以 4% 的速度继续蔓延，主要原因是沿河地区急于脱贫，引进了小造纸、小皮革等污染严重的工厂，以致造成守着淮河没水喝。

据《扬子晚报》1994 年 8 月 7 日报道：7 月 27 日下午，淮河蚌埠闸下泄的 2 亿立方米污水到达淮阴盱眙县城，28 日下午污水前锋进入洪泽湖，污水在湖内以每日 6 ～ 8km 的速度扩散，且污水中污染物数量多、浓度高、毒性大、移动慢、净化难，致使江苏淮阴腹地的 8 个县（市）几百万人受到严重危害。一是造成群众饮用水枯竭；二是渔业损失惨重，死亡鱼蟹 80 万千克；三是工业生产遭受损失，许多企业被迫停产或半停产；四是肠道病与皮肤病剧增等。这一严重事件的发生，已引起中央的重视，国务院有关部门正在协调处理河南、安徽、江苏三省淮河流域的统一治理问题。当然，这是一起比较典型而严重的事件，全国其他许多地方类似的事件也时有发生，这不能不使我们猛醒，生态环境的破坏会造成什么样的后果。

在太湖流域，水资源的破坏也相当严重。一方面是盲目围湖增地搞工业区，缩小了太湖的蓄水容量，致使 1991 年特大水灾对太湖沿岸造成巨大的损失。另一方面是太湖周围遍布乡镇企业，污水流入太湖，使湖中藻类蔓延，降低了水质标准，不仅影响渔业生产，更使得太湖周围的江、浙两省七市 2000 万人饮用水发生困难。

据 1994 年 8 月 25 日新闻媒介报道，上海嘉定区化工厂因严重影响浏河水体，直接影响人们生活与健康，致使全城居民不得不每天去提取井水饮用，自来水已有明显异味，这种长期不进行治理的污染工厂，虽是利税大户，上海市政府还是于报道当天下令将其关闭，并处以 10 万元的罚款。全国其他许多城市如果不记住这些教训，难道不会再重演这一悲剧吗？

3. 大气污染严重。目前我国在工业建设的发展过程中，往往缺乏环保措施，致使大气污染长期得不到彻底的治理。例如许多大工业区粉尘污染相当严重，对当地居民生活影响很大，现虽经治理，但效果仍不理想。最为突出的是近年来兴起的乡镇企业的大气污染，它们的影响决不能低估。例如福建省晋江市素有建材之都的美称，那里主要是生产面砖和各种建筑饰面的陶瓷材料，其中尤以磁灶镇与内坑镇比较著名。由于目前尚处创业阶段，大规模先进的厂家寥寥无几，绝大部分是独资经营的私营小厂，因此这二个乡镇都有数百家小型企业在从事生产。就以内坑镇附近的情况为例，在不到 $1km^2$ 的地段上大约就集中有上千根大大小小不同的烟囱。平日烟雾弥漫，遮天蔽日，其"壮观"场面绝不逊色于当年英国的伯明翰工业区。我们在实地调查所见，周围树木几乎全部枯死，附近农田也严重受损，房屋表面几乎蒙上一层黑灰，鸟儿早已飞往他乡。工业废渣比比皆是，路旁低矮厂房杂乱无章，部分工人居住的简陋房屋也夹杂其间，环境条件十分恶劣。如果让其蔓延下去，整个晋江的生态环境将被破坏无遗。

4. 城市建筑与基础设施发展不平衡。由于城市建筑急速发展，城市人口不断增加，尤其是市中心区更为密集，再加上车辆数量猛增，车流频繁，致使交通日益拥挤，车辆首尾相接，但是道路容量有限，新增城市外围环线与拓宽部分干道的工程远不能适应新建设的速度，因此，不少城市道路不得不实行单行线办法，甚至采用单双号车牌在单双日行驶的规定，虽然对交通稍有缓解，但对车辆行驶却带来了重重困难。为了增加道路容量，有的城市还把人行道改作自行车道，使行人受到很大威胁。此外，在给水、排水、供电、煤气、通信、停车以及生活服务设施和环境绿化等方面往往也因容量不足，改造速度跟不上需要，造成整个城市生态功能失调，产生不少缺陷。城市的对外交通枢纽，如铁路车站、公路车站、轮船码头、航空港也都处于拥挤之中。

5. 忽视经济、社会、环境三个效益的协调统一。有些单位往往从局部利益出发，片面追求眼前的经济利益，患有"项目饥饿症"，有的重大项目不惜以牺牲环境为代价，草率决策，选址、定点不当，损害了生态环境。如有的城市在宝贵的沿江生活岸线重复建造工业码头；有的在国家级风景区内建设数量过多体量过大的游乐项目；有的城市在开发区引进了污染严重的工厂等等。在房地产开发方面，部分地区规划管理处于失控状况，个别房地产开发公司片面追求经济效益，不注意配套建设，甚至加大建筑容积率和建筑密度，影响了开发地段的环境质量；有的城市随意破墙开店，侵占绿地，影响交通和市容，使城市整体生态失去平衡。

在城郊结合部，规划管理薄弱，多头开发，形成"农村包围城市"的格局。例如有些较大城市的郊区近两年来均各开发商品房达 100 万 m^2，未经规划部门同意，无配套设施，无环保措施，不仅影响了城市总体布局，交付使用后在生产、生活上也产生许多不便。有的郊区在集体所有制土地上与城市的企、事业单位联营，擅自圈地建设，合资办厂，扰乱了城市总体规划的实施，增加了今后城市拆迁改造的负担，造成资金、物力的巨大浪费。

在旧城改造中。有的目标不够明确。如何根据各地的经济实力和承受能力，积极稳妥地推进旧城改造，重视历史文化名城的保护、重视城市特色和城市生态平衡的保持，还有许多工作需要深化。

凡此种种都足以说明生态环境是城市建设的基础，是人们生活的支柱，目前我国生态环境所面临的严重问题，如果不注意及时解决，将会直接影响到城市的发展。

二、生态建筑学新课题

生态环境是城市与建筑生存的根。由于近代大工业的发展，在世界范围内使自然生态环境受到严重破坏，造成了一系列惨痛的教训，这些问题便给人类敲起了环境的警钟。要是这种趋势继续发展，自然界很快就会失去供养人类的能力。如何解决生态平衡问题。已逐渐提到议事日程上来了。

生态学这个概念是 1896 年恩斯特·海克尔（Haeckel）最先提出的，它是作为研究生物同外部环境之间关系的科学的名称。生态学（Ecology）这个词是由希腊文"Oikos"派生来的，意思是家或住所。这个家，就是生物赖以生存的外部环境。生态学是研究有机体之间、有机体与环境之间的相互关系的学说。

相互关联的有机体与环境就构成了生态系统。所谓生态系统，就是一定空间内生物和非生物成分通过物质的循环，能量的流动和信息的交换而相互作用、相互依存所构成的生态学功能单元。世界由大大小小的生态系统组成。

生态系统有其内在的规律性，其中最重要的，就是生态平衡原理。生物和环境所构成的网络是生态平衡形成的基础，结构和功能都保持着相对稳定的关系。生态系统具有自动调节恢复稳定状态的能力。这种能量流动和物质流动的动态平衡，即生态平衡，保证了地球环境的生存和发展。

但是，生态系统的调节能力是有限度的。如果超过了这个限度，生态系统就无法调节到生态平衡状态，系统会走向破坏和解体。建筑活动对生态环境有着重大的影响，因此，正确认识环境对建筑活动有着指导性的意义。例如土地的形式如何规划，这一点影响到这一地区的整个生态。它包括对大气、水体、地表、植被、气候和动植物生存环境的改变。事实证明，一小片合理规划设计的土地可以产生巨大的环境效益和社会效益，满足人们美学上、心理上和健康上的要求，使人类能够更好地生存和发展。所有这些都说明生态问题的重要性：要么创造一个良好的生存环境，要么又增加一份环境危机，一切都取决于我们的行动。

生态建筑学的产生是历史的必然，它的任务就是改善人类聚居环境，它的目标就是创造环境、经济、社会的综合效益。

20 世纪以来，人类已逐渐地在重视环境。国外从 20 世纪 20 年代起便开始了对人类集中聚居的城市环境进行生态研究。但直到二次大战后世界人口空前膨胀，工业化程度急剧提高，城市迅速扩展，环境污染严重，人们才普遍关心环境问题。

到 20 世纪 60 年代，有位美籍意大利建筑师保罗·索勒瑞（Paolo soleri）把生态学（Ecology）和建筑学（Architecture）两词合并成为 Acology，即生态建筑学。1969 年，美国著名景观建筑师麦克哈格（Ian L. Mcharg）所著《设计结合自然》出版，对城市与乡村的环境现状进行了深入分析，阐述了人与自然环境之间不可分割的依赖关系，提出了以生态原理为基础的环境理论和规划设计方法，使理论与实践紧密结合，它标志着生态建筑学的诞生。至此，生态学和建筑学经过各自的发展走向结合，在更高层次上给规划和设计带来新的思想，注入了新的活力。在这种世界性的谋求生存和发展的呼声中，愈来愈多的建筑师和规划师把环境保护作为他们的一个主要职责。他们试图在尽可能不干扰环境的情况下解决功能、美学等问题，并进一步通过规划设计改善环境，达到生态平衡，使整个生态环境沿着整体有序和循环再生的原则运转。

1972 年 6 月 5 日，联合国在瑞典斯德哥尔摩召开了第一次人类环境会议，会议发表了著名的《人类环境宣言》，把 6 月 5 日定为"世界环境日"，并且提出了一个口号："只有一个地球！"生态建筑学便是立足于生态环境思想上的建筑规划设计的理论和方法，它的任务就是结合生态学原理和生态决定因素，在建筑设计领域谋求解决工业革命后城市社会经济的变革及现代城市化发展所造成的环境问题，从理论探索、建设实践和立法措施三方面探讨如何改善人类聚居环境，达到自然、社会、经济效益统一的目标。

三、生态建筑学在规划设计中的应用

生态建筑学是解决城市生态平衡问题的有力武器。由于人类目前的环境已不再是过去单纯的自然生态系统，是由自然、社会、经济三个子系统组成的。生态建筑学的目的就是应用生态学的原理，结合这一复合人工生态系统特点创造整体有序、协调共生的良性生态环境，它对城市规划设计与建筑设计具有指导性的意义。

正因为目前人类的环境是一种复合的人工生态系统。它涉及自然科学和社会科学的各个方面，其中主要包括：建筑学、城市规划学、景观建筑学、地理学、生态学、医学、经济学、气象学、环境心理学、美学、人类学、社会学等等，在应用生态建筑学进行规划与建设时，必须考虑多学科的综合，为城市生态平衡制定下列原则：

1. 整体有序原则：近期与远期效益的统一，局部与整体效益的统一，环境、经济、社会效益的统一。

2. 永续利用原则：对再生资源充分利用，保持消费量低于生长量。

3. 循环利用原则：对非再生资源，节约利用、回收利用、循环利用，以延长使用期限。

4. 反馈平衡原则：保持生态平衡，保持发展和利用的动态平衡。

5. 有偿使用原则：进行经济法令和政策的干预管理。

总之，要解决城市生态平衡问题，必须从生态观出发，对城市整体环境进行综合规划设计，才能做到整体有序、协调共生。然而，由于城市生态问题是一个复杂而现实的综合性系统工程，需要研究的问题很多，本文只是从建筑学的角度出发，探讨生态建筑学在建筑文化发展中所起的作用，希望能达到有关方面的共识。

后　记

　　从提起《口述史》到完成这本《建筑轶事见闻录》前后已经过了近两年的时间，由于本人健康原因和时间久远，对许多往事的回忆已比较模糊，虽经过认真查实与核对，仍难免不甚准确，希望读者予以谅解。几十年来，遇到各种各样的问题实在太多，这里只能将个人感悟较深的建筑事件表述于此。至于在国内各校所作讲座，参加学术研讨会以及学术交流活动，大多尽人皆知，本书就不再赘述了。有关我过去曾主持设计过的工程项目，如句容宾馆（12000m²，12层，1995年），句容石油公司大厦（7000m²，7层，1995年），南京湖南路中国农业银行大厦（8000m²，8层，1994年），南京玄武湖武庙茶室及庭园（3000m²，庭园，1987年），南京中山路沿街商住综合楼（6000m²，6层，1983年）等都是为了理论联系实际的体验，这里也就不作评析了。

　　此外，因为几次搬家，有许多珍贵的照片、速写图和有关资料，一时也找不到了，这里只能拾零身边现有的几张速写图和当年考察的部分照片，插在文本里以与读者共赏。还要提出的就是这本《见闻录》除了我本人的努力外，主要是得到杨晓龙博士的协助与促进，是他作为志愿者，不厌其烦地录入、打印、整理、查找相关资料并汇总成册。特别是在成书的最后阶段，高钢博士曾花费许多宝贵时间协助做了不少图片的扫描、转录和打印工作。我谨在此对他们的真诚协助表示感谢。同时，还要说明的是本书第一页中的两张集体照是老友黄伟康教授提供的，这是一份难得的礼物，他已珍藏了60年，今日重温昔日情景，既能引起历史的沧桑感，也能鼓舞着我们继续携手前行。

刘先觉于南京

2013.7.26